Alfons Fricker

Lebensmittel

– mit allen Sinnen prüfen!

Qualität
Aromastoffe
Geschmack
Sensorik

Mit 54 Abbildungen und 32 Tabellen

Springer-Verlag
Berlin Heidelberg New York Tokyo 1984

Prof. Dr. Alfons Fricker
Institut für Lebensmittelchemie
Bundesforschungsanstalt für Ernährung
Engesserstraße 20, 7500 Karlsruhe

Das Umschlagbild gibt eine Zeichnung von Wilhelm Busch wieder, die den Anfang des Gedichtes „Die Haarbeutel" bildet. Das Gedicht beginnt mit den Worten:

„Der Weise, welcher sitzt und denkt
Und tief sich in sich selbst versenkt,
Um in der Seele Dämmerschein
Sich an der Wahrheit zu erfreun,
Der leert bedenklich seine Flasche, ..."

ISBN 3-540-13636-3 Springer-Verlag Berlin Heidelberg New York Tokyo
ISBN 0-387-13636-3 Springer-Verlag New York Heidelberg Berlin Tokyo

CIP-Kurztitelaufnahme der Deutschen Bibliothek
Fricker, Alfons: Lebensmittel – mit allen Sinnen prüfen! : Qualität, Aromastoffe, Geschmack, Sensorik / Alfons Fricker
Berlin; Heidelberg; New York; Tokyo: Springer, 1984
ISBN 3-540-13636-3 (Berlin Heidelberg New York Tokyo)
ISBN 0-387-13636-3 (New York Heidelberg Berlin Tokyo)

Satz- u. Bindearbeiten: G. Appl, Wemding, Druck: aprinta, Wemding
2152/3140-543210

Vorwort

Die Auswahl aus der großen Zahl von Lebensmitteln, die heutzutage zur Verfügung stehen, trifft der Mensch fast ausschließlich nach Kriterien, die er mit seinen Sinnen erfassen kann. Ernährungsphysiologische Gesichtspunkte, die man eigentlich zugrunde legen sollte, sind nicht direkt „erlebbar"; ihre Berücksichtigung bei der Nahrungswahl ist also, soweit sie überhaupt erfolgt, nur „angelernt". Somit kommt den „sinnfälligen" Eigenschaften eines Lebensmittels entscheidende Bedeutung zu; sie können mit Methoden einer relativ jungen Wissenschaftsdisziplin, der „Lebensmittelsensorik", getestet und beurteilt werden. Unter „Sensorik" versteht man nach DIN 10950 (verkürzt) die Vorbereitung, Durchführung und Auswertung von Sinnenprüfungen, bei denen mit den Sinnen wahrnehmbare Produkteigenschaften erfaßt werden; aus den Urteilen der Prüfpersonen wird eine objektivierte Aussage über das Lebensmittel gebildet.

Basis sind die 5 klassischen Sinne „Gesicht, Geruch, Geschmack, Gefühl, Gehör". Der 1. Teil des Buches befaßt sich daher mit den Grundlagen der Sinnesphysiologie, also mit der Frage, wie die für die Lebensmittelsensorik wichtigsten Sinne „funktionieren". Da die hierzu gehörenden Sinneseindrücke meist durch Reaktionen chemischer Substanzen mit Rezeptoren in Sinneszellen hervorgerufen werden, ist der 2. – umfangreichere – Teil den Stoffen gewidmet, welche die Farbe und insbesondere den Geruch und den Geschmack von einigen wichtigen Lebensmitteln tierischer und pflanzlicher Herkunft bewirken.

Die Chemie der sogenannten Aromastoffe ist ein äußerst vielfältiges, hoch interessantes Gebiet, auf dem die Forschung in den letzten 2 Jahrzehnten eine stürmische Entwicklung genommen hat. Analytische Methoden wie Gaschromatographie, Massenspektrometrie, Hochdruck-Flüssigkeitschromatographie und ähnliches haben entscheidend hierzu beigetragen. Trotzdem ist es heute und auch wohl noch für die ferne Zukunft nicht möglich, Eigenschaften wie Geruch und Geschmack eines Lebensmittels *nur* „apparativ" zu bestimmen; die Sensorik ist bei der Beurteilung und Bewertung eines Lebensmittels unersetzbar. Der Computer „menschliches Gehirn" ist nun einmal nicht nachzuahmen, so daß der Ausarbeitung, Verbesserung, Normung usw. von Verfahren zur objektivierten Sinnenprüfung von Lebensmitteln ausschlaggebende Bedeutung für deren Qualitätsbestimmung zukommt. Aus diesem Grund ist der letzte Teil des Buches den sensorischen Prüfverfahren gewidmet wobei die bei DIN genormten Verfahren im Vordergrund stehen. Ziel ist, das Interesse an der jungen Wissenschaftsdisziplin „Lebensmittelsensorik" zu wecken und das Wissen hierüber zu vertiefen.

Das Buch ist so formuliert, daß nicht nur der Chemiker oder Lebensmittelchemiker, sondern auch jeder, der einmal Chemieunterricht genossen hat, keine Verständnisschwierigkeiten hat. Der Text ist immer wieder durch Anekdoten und Randbemerkungen aufgelockert und möchte somit neben seinem Hauptziel, der Vermittlung wissenschaftlicher Fakten, beim Lesen auch ab und zu ein Schmunzeln provozieren.

Karlsruhe, im August 1984 A. Fricker

Inhaltsverzeichnis

1 Einleitung

Wie gut, daß wir einen Goethe hatten! Bei ihm läßt sich wohl für jedes Thema ein einleitendes Zitat finden. So paßt für dieses Buch wohl die folgende Sentenz aus Torquato Tasso, wo Antonio das menschliche Verhalten bezüglich Speis' und Trank so schildert:

> „Die erste Pflicht des Menschen, Speis' und Trank zu wählen, die ihm die Natur so eng nicht wie dem Tier beschränkt, erfüllt er die? Und läßt er nicht vielmehr sich wie ein Kind von allem reizen, was dem Gaumen schmeichelt? Wann mischt er Wasser unter seinen Wein? Gewürze, süße Sachen, stark Getränke, eins um das andere schlingt er hastig ein und dann beklagt er seinen trüben Sinn, sein feurig Blut, sein allzu heftig Wesen, und schilt auf die Natur und das Geschick".

Goethe hat, wie (fast) immer, recht! Nur extrem wenige Menschen lassen sich bei ihrer Nahrungswahl entscheidend von der ernährungsphysiologischen Ausgewogenheit eines Lebensmittels beeinflussen. Gaumenkitzel-Freuden sind ein fundamentales menschliches Bedürfnis; kein ernsthafter Beobachter wird das leugnen. Zwar läßt sich bekanntlich über den Geschmack nicht streiten; indes man streitet doch darüber, ja über nichts mehr als über den Geschmack.

Drücken wir es ganz nüchtern aus: Die Qualität eines Lebensmittels wird für den Menschen in erster Linie durch die Eigenschaften verkörpert, die er mit seinen Sinnen erfassen kann. Und zwar mit allen traditionellen fünf Sinnen, so eigenartig dies klingen mag, wenn man z. B. an den Gehörsinn denkt. Aber die Qualität eines Kekses, um ein Beispiel zu nennen, hängt auch davon ab, welches Geräusch sich beim Brechen bzw. beim Kauen entwickelt. Für die anderen Sinne ist es klar: Das Auge, also der Gesichtssinn, erfaßt das äußere Aussehen, die Farbe und ähnliche Kriterien. Der Geruch trägt entscheidend zur Akzeptanz bei. Am wichtigsten ist meist der Geschmack, aber auch der Tastsinn hat seine Bedeutung, wenn wir an die Konsistenz, die Festigkeit u. ä. denken.

Mit den genannten Kriterien sind wir schon beim Thema angelangt: Der lebensmittelchemische Begriff „*Sensorik*" leitet sich vom lateinischen Sensus = der Sinn ab.

Sensorik, auf Lebensmittel bezogen, ist kurz gesagt die Beschreibung und Bewertung von Eigenschaften eines Lebensmittels mit den menschlichen Sinnen. Die menschlichen Sinne dienen hier als Meßinstrumente zur Ermittlung der „Qualität“ oder allgemeiner gesagt des „Zustandes“ eines Lebensmittels. Nun sagt aber das Sprichwort: „Die Geschmäcker sind verschieden“ und dieses Sprichwort ist richtig. Wie soll man da eine objektive bzw. zumindest eine objektivierte sensorische Beurteilung von Lebensmitteln erreichen können? Es mag überraschend klingen, aber die Entwicklung der sensorischen Prüfverfahren, die Vereinheitlichung der Begriffe und der Methoden und die Anwendung statistischer Verfahren zur Auswertung sensorischer Ergebnisse haben die Wissenschaft von der Sensorik soweit gebracht, daß ihre Ergebnisse wissenschaftlich exakt sind. Natürlich muß der als „Meßinstrument“ dienende Mensch geschult werden. Er muß z. B. in der Lage sein, von seinen persönlichen Präferenzen zu abstrahieren, seine Sinne sozusagen abstrakt einsetzen, denn es müssen soweit irgend möglich objektive Merkmale eines Lebensmittels erfaßt werden.

Man könnte nun sagen, daß in den letzten Jahrzehnten auch die Analytik riesige Fortschritte gemacht hat, daß man z. B. geringste Mengen an aroma-aktiven Substanzen durch Kapillargaschromatographie erfassen und sogar quantitativ bestimmen kann, daß man die Festigkeit von Lebensmitteln apparativ messen kann usw. Dies alles reicht aber nicht aus, die Sensorik als Analysenmethode für Lebensmittel zu ersetzen. Nur das Zusammenspiel der vielfältigen Parameter, die zur Gesamtqualität eines Lebensmittels beitragen, gibt ein Bild von eben dieser Qualität. Diese Zusammenfassung vermag nur der menschliche Sinnesapparat in einer für den Menschen adäquaten Form zu erreichen.

Auch darf man keinesfalls übersehen, daß selbst modernste Meßgeräte ihre „Macken“ haben. Nehmen wir als Beispiel die Gaschromatographie in Verbindung mit einem Computer. Selbst der beste Computer kann nicht eine falsch eingewogene Substanzmenge korrigieren, wenn er richtig arbeitet. Wird also bei einer Verdünnung oder bei der Einwaage ein kleiner Fehler gemacht, so nützt der schönste Computer nichts mehr! Ein anderes Beispiel: Jeder erfahrene Gaschromatographiker weiß, daß sein Ergebnis auch von der Art der Injektion in das Gerät abhängt. Ist die Injektionszeit z. B. sehr kurz, so kann es passieren, daß schwer flüchtige Substanzen unvollständig verdampfen. Jedem Analytiker ist bekannt, daß je nach Arbeitstechnik verschiedene Ergebnisse herauskommen können, selbst dann, wenn das gleiche Instrument und die gleiche Probe verwendet werden! Ein weiterer Gedankenfehler soll hier nicht vergessen werden: Wiederholbarkeit bedeutet nicht Genauigkeit; eine geringe Standardabweichung bedeutet keine größere Sicherheit. Systematische Fehler sind kaum erkennbar.

Es ist absolut selbstverständlich, daß auch bei der sensorischen Beurteilung von Lebensmitteln, beim Einsatz der sensorischen Untersuchungsmethoden, die Grenzen des Verfahrens beachtet werden müssen. Wie bei jeder Analysenmethode treten auch bei der sensorischen Prüfung von Lebensmitteln Fehler auf, sind Fehlergrenzen zu berücksichtigen, die der Natur der Sache, also hier der „Ungenauigkeit des Meßinstrumentes" entsprechen. Wenn man aber die Ergebnisse von apparativen analytischen Ringversuchen mit den Ergebnissen von weltweit durchgeführten Ringversuchen auf sensorischem Gebiet vergleicht, so schneidet die Sensorik durchaus gut ab, eine Tatsache, die viele überrascht. Möglich ist dies allerdings nur, wenn die in der Vereinheitlichung der Methoden, der Vereinheitlichung der Begriffe, in der Schulung der Prüfer usw. liegenden Möglichkeiten konsequent ausgenutzt werden. G. Jellinek, eine profunde Kennerin sensorischer Methoden, definiert dies folgendermaßen: „Es ist (jedoch) zu unterscheiden, ob eine Methode unwissenschaftlich ist oder deren unexakte Handhabung zu fragwürdigen Ergebnissen führt. Deshalb sollte zwischen „Organoleptikern" und „Sensorikern" unterschieden werden. Diese lassen sich wie folgt charakterisieren: Der Organoleptiker erfaßt mit den Sinnen, erfühlt den Eindruck, vermischt Qualitätsbeurteilung mit Beliebtheitsaussagen und läßt seine sensorischen Fähigkeiten nicht überprüfen. Der Sensoriker mißt mit den Sinnen, bedient sich exakter Methoden, wertet die Prüfergebnisse statistisch aus, absolviert einen Schulungskurs mit anschließendem Eignungstest und läßt seine sensorischen Fähigkeiten in regelmäßigen Abständen überprüfen."

Welchen Sinn, welchen Zweck hat nun die Sensorik? Ein wichtiger Aspekt wurde schon erwähnt, nämlich die Bestimmung der sensorischen „Absolutqualität". Was heißt das? Nun, der Begriff Qualität wird bei Lebensmitteln heute als Summe der Teilqualitäten Gesundheitswert, Eignungswert und Genußwert definiert. Genußwert, auch Güte, ist nichts anderes als der sensorische Wert bzw. die sensorische Qualität. Diese zu ermitteln, ist aber nur ein – allerdings nicht unwichtiges – Beispiel für Sinn und Zweck der Sensorik. Genauso wichtig kann es z. B. sein, zu klären, ob zwischen zwei oder mehreren Prüfproben ein sensorisch bemerkbarer Unterschied besteht, eine Fragestellung von möglicherweise großer praktischer Bedeutung. Ebenso bedeutsam ist die Feststellung, wie sich die sensorische Qualität bzw. sensorische Teilqualitäten eines Lebensmittels, sei es nun frisch oder verarbeitet, im Verlaufe der Lagerung verändern, sowie insbesondere die Ermittlung des Zeitpunktes der Lagerung, zu dem es für einen Verzehr nicht mehr geeignet ist. Es gibt ja für verpackte Lebensmittel die gesetzliche Vorschrift, daß ein Mindesthaltbarkeitsdatum angegeben werden muß. Die Definition des entsprechenden „Qualitätszustandes" kann vielfach nur auf sensorischen Messungen beruhen; die Chemie hilft hier in vielen Fällen nur wenig. Gerade dieser Bereich ist äußerst problematisch, denn die Festlegung sensorischer Eigenschaften von Lebensmitteln, die diese gerade noch haben dürfen bzw. müssen, wenn sie noch als verzehrs- bzw. verkaufsfähig gelten sollen, ist außerordentlich schwierig und in gewissem Umfange auch „dehnbar".

Wie soll man Manipulationen vorbeugen? Denn auf diesem Gebiet war der Mensch immer schon sehr erfindungsreich, wie ein Beispiel aus dem *klassischen Athen* zeigt. Dort gab es auf dem Fischmarkt bereits eine Art Marktordnung; so durften die Händler ihre Fische nicht mit Wasser übergießen, um dadurch eine Frische vorzutäuschen, die nicht mehr vorhanden war. Es ist aber überliefert, wie die *Fischhändler* diese Vorschrift zu übergehen verstanden: Ein Kumpan heuchelt eine Ohnmacht und bricht dicht neben dem Verkaufsstand zusammen. Die Menschlichkeit verlangt es, den armen Ohnmächtigen durch einen kalten Guß wieder auf die Beine zu bringen, und die „Samariter" sind dann selbstverständlich geschickt genug, mehr Wasser auf die Fische als auf den Kopf des Unglücklichen zu spritzen. So konnten, zumindest kurzfristig, verdächtige Geruchsstoffe, die beim Lagern entstanden waren, teilweise entfernt werden; die Fische waren wieder „frischer".

Am Rande sei es vermerkt, daß der Begriff „Frische" ein sehr schwer für praktische Zwecke festlegbarer Terminus geblieben ist. Heute gibt es hierfür gesetzliche Vorschriften, die, wenn mans genau nähme, doch eine erhebliche „Dehnung" legalisieren: *„Frischmilch"* ist eine Milch, die zuerst durch Zentrifugieren in die Teile Rahm, Magermilch und Dreck aufgetrennt wurde; der Dreck wird entfernt, Rahm und Magermilch werden in einem Verhältnis wieder zusammengemischt, daß ein Fettgehalt von 3,5% resultiert, das Ganze wird nun meist bei 71–74 °C für die Dauer von 30–40 Sekunden pasteurisiert und dann als „Frischmilch" verkauft. – Eigentlich dürfte man, wenn man den Begriff „Frische" im wörtlich-sprachlichen Sinn verstehen sollte, nur dann von „Frischmilch" reden, wenn der Verbraucher sich unter die Kuh legen und am Euter ziehen würde!

Zurück zur Bedeutung der Sensorik, und zwar zur *wirtschaftlichen Bedeutung*. Einmal kann man wohl ganz allgemein sagen, daß ein Produkt mit besserer sensorischer Qualität vom Verbraucher in größerem Umfang gekauft wird; damit dürfte i. a. ein höherer Gewinn für den Hersteller bzw. Erzeuger abfallen. Andererseits gibt es aber auch gesetzliche Regelungen, die auf sensorischen Befunden basieren und schwer an den Geldbeutel gehen können! Es sei nur erinnert an die sogenannten *Handelsklassen*, z. B. für Obst, die hauptsächlich auf dem äußeren Aussehen der Früchte, also auf einem sensorischen Merkmal, beruhen. Die Preisunterschiede zwischen den verschiedenen Handelsklassen können aber beträchtlich sein. Ein Beispiel: *Butter* darf nur als „Markenbutter" in den Verkehr gebracht werden, wenn sie im Hinblick auf Geschmack, Geruch, Aussehen usw. ganz bestimmten Anforderungen entspricht. Erfüllt sie diese Anforderungen nicht, so muß sie zur „Molkereibutter" abgewertet werden; aber auch diese muß noch bestimmten Mindestanforderungen genügen; die niedrigste Handelsklasse, die Kochbutter, darf aber auch noch nicht „stinken". Bei dem doch erheblichen Preisgefälle von Markenbutter zu Kochbutter bringt die Einstufung in eine niedrigere Klasse dem herstellenden Betrieb bei den großen Mengen, die hier zur Debatte stehen, eine erhebliche finanzielle Einbuße. Die Beispiele über die wirtschaftliche Bedeutung sensorischer Prüfverfahren ließen sich noch vielfach erweitern.

2 Sinnesphysiologische Grundlagen

2.1 Einleitung

Informationen über die Umwelt nimmt der menschliche Körper mit seinen Sinneszellen auf; diese können Reize in Nervenerregungen umwandeln. Sinneszellen sind u. a. dadurch charakterisiert, daß sie ausschließlich auf eine ganz bestimmte Reizart ansprechen, während sie durch andere Reizarten praktisch überhaupt nicht erregbar sind (mit einer Tastzelle kann man nicht hören, mit einer Riechzelle nicht schmecken). Sinneszellen sind also Rezeptoren für die ihnen adäquaten Reize, die dann auf mehr oder weniger kompliziertem Wege über die dazugehörigen Nervenfasern an das Gehirn weitergeleitet werden. Dort wird die im Reiz sozusagen „chiffriert“ enthaltene Information „entschlüsselt“ und vom Bewußtsein als Sinneswahrnehmung registriert. Der Vorgang ist relativ kompliziert, weswegen hier nun nicht über Aktionspotentiale, Rezeptorpotentiale, Membranpotentiale, über die Bedeutung der Frequenz der weitergelei-

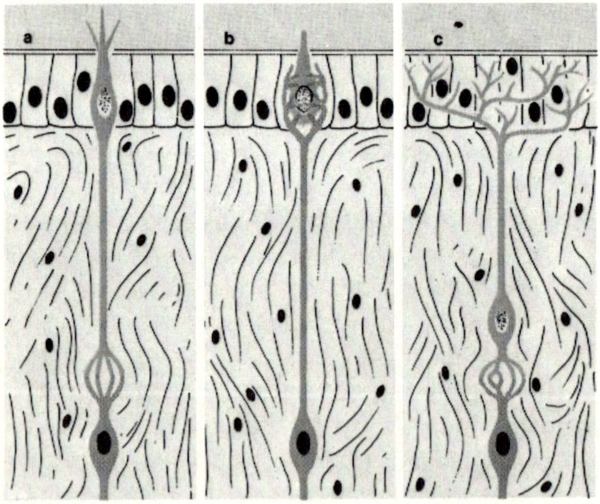

Abb. 1. Schematische Darstellung der verschiedenen Formen von Sinneszellen (aus: Linder H (1982) Biologie, 18. Aufl. Metzler, Stuttgart)

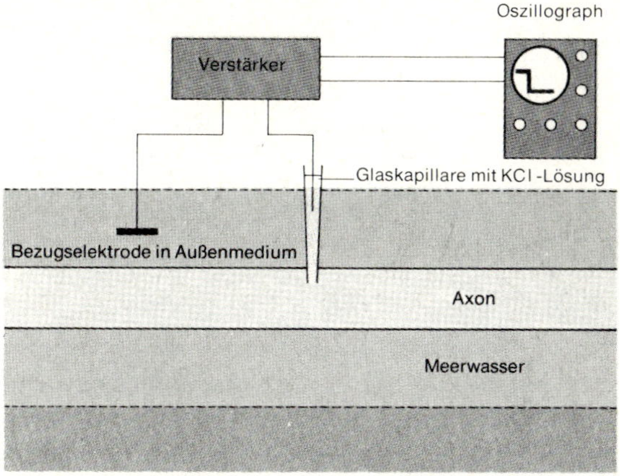

Abb. 2. Intrazelluläre Ableitung von Nervenerregungen (aus: Linder H (1982) Biologie, 18. Aufl. Metzler, Stuttgart)

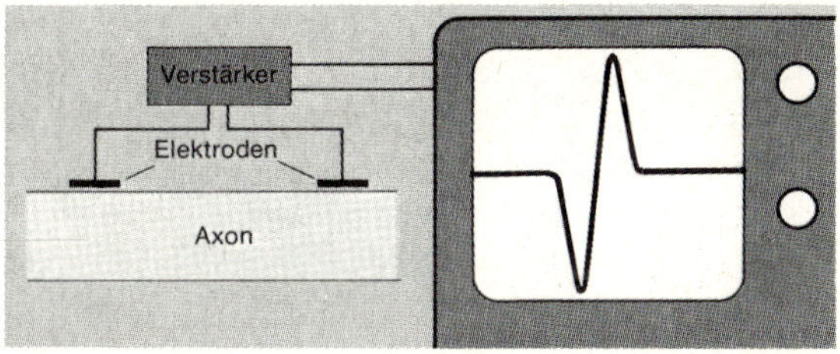

Abb. 3. Extrazelluläre Ableitung von Nervenerregungen (aus: Linder H (1982) Biologie, 18. Aufl. Metzler, Stuttgart)

teten Aktionspotentiale usw. berichtet werden soll. Prinzipiell ist der Vorgang immer sehr ähnlich, obwohl man grundsätzlich drei Arten von Sinneszellen unterscheiden kann (Abb. 1).

Eine primäre *Sinneszelle* (a) nimmt den Reiz auf und leitet die Erregung zur *Nervenzelle* weiter, bei der sekundären *Sinneszelle* (b) wird die Erregung durch eine besondere Nervenzelle abgeleitet und bei der Sinnesnervenzelle (c) sitzt die Sinneszelle in der Tiefe und schickt „Dendriten", also freie Nervenendigungen, an die Oberfläche. Auch vom Ankommen des Reizes in der eigentlichen Nervenzelle bis zur Verarbeitung im Gehirn sind die Vorgänge prinzipiell gleich: Es handelt sich stets um elektrische Potentiale, einfacher gesagt um Spannungsdifferenzen die zum Gehirn weitergeleitet werden, und die man messen kann. Hierbei unterscheidet man zwischen der intrazellulären und der extrazellulären Ableitung.

Wird ein Reiz aufgebracht, so „feuert“ der Nerv, d.h. es können z.B. bei der extrazellulären Ableitung Aktionspotentiale verschiedener Höhe gemessen werden.

2.2 Einzelne Sinne

2.2.1 Gesichtssinn

Grundlage für die Entstehung der Rezeptorpotentiale oder allgemeiner ausgedrückt für die Entstehung von Sinnesempfindungen sind bei den für die Lebensmittelsensorik wichtigen Sinnen *chemische Reaktionen* an den jeweiligen Sinneszellen. Beim Gesichtssinn, beim Sehen, sind die Vorgänge weitgehend aufgeklärt. Die Netzhaut enthält zwei Arten von Lichtrezeptoren, die ihrer Form wegen als „Zapfen“ und als „Stäbchen“ bezeichnet werden. Die Zapfen vermitteln das Sehen bei hohen Lichtintensitäten sowie das Farbensehen, die Stäbchen das Sehen bei geringen Lichtintensitäten (das Dämmerungssehen). Beide enthalten lichtempfindliche Farbstoffe von Proteinnatur, das Jodopsin (das mit Jod nichts zu tun hat!) und das Rhodopsin. Sie haben beide ein Carotinoid, nämlich 11-cis-Retinal, als prosthetische Gruppe, und als Eiweißstoff das Protein Opsin, das sich bei Jodopsin geringfügig von dem bei Rhodopsin unterscheidet.

Abb.4 gibt die Formel von 11-cis-Retinal wieder und Abb.5 die chemischen Vorgänge beim Entstehen des Reizes durch Licht. Danach führen auftreffende Lichtquanten bei ihrer Absorption durch den Sehfarbstoff, das Sehpigment, zu einer Spaltung in die beiden Komponenten Opsin und Retinal sowie zu einer Isomerisierung des 11-cis-Retinals zu all-trans-Retinal. Dieses muß in einer Dunkelreaktion wieder in die 11-cis-Form überführt werden, damit aufs Neue das lichtempfindliche Rhodopsin, der sog. Sehpurpur, entstehen kann. Die auslösende Reaktion ist – wie K. Lang (Abb.6) sehr anschaulich dargestellt hat – die Umwandlung von 11-cis in all-trans-Retinal; erst in dieser Konfiguration kann das Retinal das Opsin „verlassen“. Neue Untersuchungen haben gezeigt, daß der Vorgang über Zwischenstufen läuft. Auf diese Dinge soll nicht eingegangen werden, ebenso wie auf die zwar außerordentlich interessanten, aber doch relativ komplizierten Vorgänge, die uns das Unterscheiden von Farben ermögli-

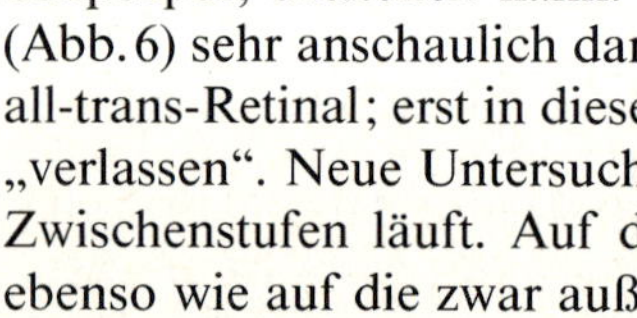

Abb.4. 11-cis-Retinal

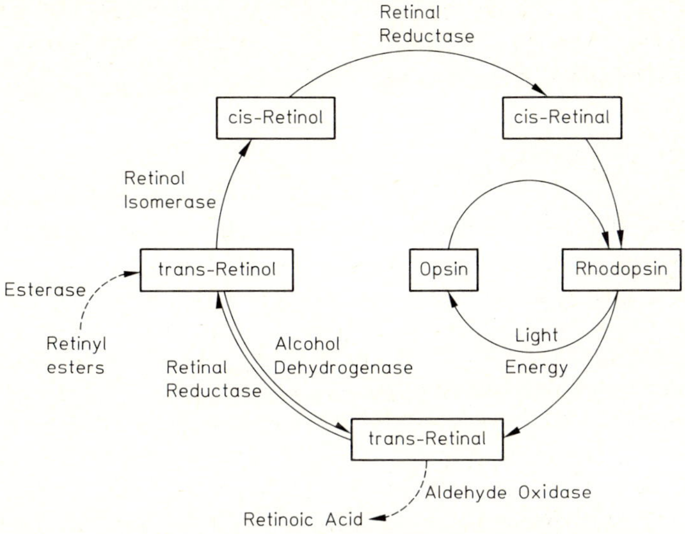

Abb. 5. Schematische Darstellung der chemischen Reaktionen beim Sehvorgang

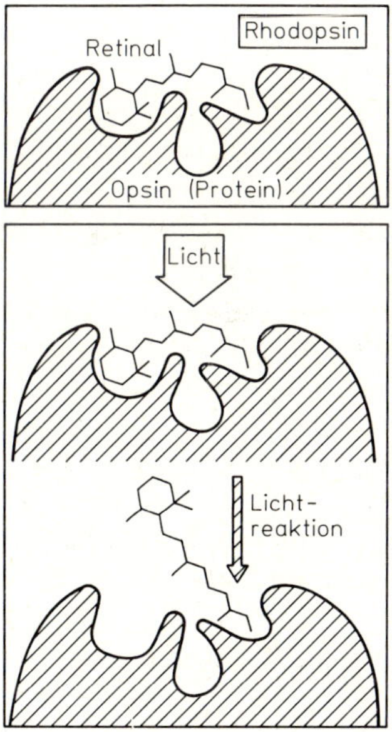

Abb. 6. Prinzipdarstellung des Sehvorgangs

chen (drei für verschiedene Farben [blau, grün und rot] empfindliche Zapfen); prinzipiell sind alle diese Vorgänge letzten Endes auf die geschilderten Reaktionen zurückzuführen.

2.2.2 Tastsinn

Von den mechanischen Sinnen (man spricht von Stellungssinn, Tastsinn, Raumlagesinn, Drehsinn und Gehörsinn) soll – der Bedeutung im Rahmen der Sensorik entsprechend – nur der Tastsinn erwähnt werden, denn die Konsistenz eines Lebensmittels ist oft entscheidend für dessen Qualität; man kann sie sowohl mit den Fingern als auch bei Aufnahme und beim Kauen im Mund „ertasten". Wir haben eine sehr große Zahl von Punkten auf unserer Oberfläche, die auf Druckreize ansprechen (etwa 600000). Als Sinneszellen fungieren verschiedene Einrichtungen, wie die

- Merkelschen Tastzellen, die Intensität und Dauer eines Druckreizes messen,
- Tasthaare, die die Geschwindigkeit der Haarbewegung erfassen, während die
- Meißnerschen Körperchen die Geschwindigkeit der durch einen Druckreiz verursachten Verformung der Haut messen.

Vibration auf der Haut wird durch sogenannte Vater-Pacinische Körperchen (auch Lamellenkörperchen genannt) erfaßt, die etwas unterhalb der Hautoberfläche liegen. Im übrigen kann man auf ganz einfache Weise messen, wie weit druckempfindliche Punkte an den verschiedensten Stellen des Körpers auseinander liegen: Man nimmt einen Zirkel und mißt, wie weit die Zirkelspitzen auseinander sind, um als getrennte Berührungsreize empfunden zu werden. Am dichtesten liegen die Druckpunkte auf den Fingerkuppen beieinander, nämlich je mm^2 etwa 23 Stück. Dies und die Fähigkeit, mehrere gleichzeitige Berührungsreize lokalisieren zu können, ermöglichen im übrigen die Blindenschrift.

Bei aller Bedeutung, die dem Tastsinn für die sensorische Beurteilung von Lebensmitteln zuzuschreiben ist, dürfte doch wohl keinem Zweifel unterliegen, daß in den allermeisten Fällen die beiden „chemischen Sinne", nämlich der Geruchs- und der Geschmackssinn, die für die Sensorik entscheidenden Sinne sind.

2.2.3 Geruchssinn

Der Geruchssinn ist ein sehr empfindlicher und auch sehr gut differenzierender Sinn. Es liegen Angaben vor, nach denen ein Milligramm Skatol für eine Fabrikhalle mit 250000 m^3 Rauminhalt ausreicht, um darin einen für Menschen widerlichen Gestank zu produzieren. Dies klingt im ersten Moment sehr unwahrscheinlich. Rechnet man aber einmal nach, so kommt man zu dem Schluß, daß bei der hohen Geruchsintensität von Skatol der Befund keinesfalls überraschend ist: Skatol (=3-Methylindol) hat ein Molekulargewicht von 133. Berücksichtigt man die Loschmidt'sche Zahl, wonach 1 Mol eines Stoffes $6{,}02 \cdot 10^{23}$ Moleküle enthält, so ergibt sich, daß, wenn 250000 m^3 1 mg Skatol enthalten, in einem cm^3 noch etwa $2 \cdot 10^7$ Moleküle sind!

Was die *Differenziermöglichkeiten* beim Geruchssinn anbetrifft, so sollen folgende Zahlen ein gewisses Bild vermitteln: Der Gesichtssinn soll etwa 30000 Empfindungen zu unterscheiden gestatten, der Geruchssinn 1000000, das Gehör 250000000 Empfindungen; ganz bescheiden nimmt sich daneben der Geschmackssinn aus, dem man nur 5000 Unterscheidungsmöglichkeiten zubilligt!

Tabelle 1 gibt ein Bild für die Empfindlichkeit des Geruchssinnes, aber auch ein Bild dafür, wie extrem unterschiedlich die Geruchsaktivität von bestimmten Stoffen sein kann. Tabelle 2 zeigt Geruchsstoffe, die in Lebensmitteln vorkommen, und wie stark die Unterschiede zwischen Menschen im Hinblick auf die Empfindlichkeit gegenüber Geruchsstoffen sind. Die Tabelle gibt auch an, wonach die ausgewählten Stoffe riechen.

Bei aller Euphorie über die Geruchsempfindlichkeit des Menschen soll aber nicht übersehen werden, daß es Lebewesen gibt, die noch viel empfindlicher reagieren: Hunde sollen in der Lage sein, bereits ganz wenige Moleküle eines Duftstoffes je cm^3 Luft zu riechen; die durch die Schuhsohlen eines Menschen diffundierenden Fettsäuremoleküle als Bestandteil des Schweißes ermöglichen es dem Hund, eine Fährte aufzunehmen.

Tabelle 1. Geruchsschwellenwerte einiger Aromastoffe in Wasser bei 20 °C (nach Belitz und Grosch)

Verbindung	Schwellenwert mg/l
Ethanol	100
Maltol	35
Hexanol	0,7
Buttersäure	0,2
Hexanal	0,02
2-Phenylethanal	0,004
2-Methylpropanal	0,001
2-Methylbuttersäureethylester	0,0001
Methylmercaptan	0,00002
2-Isobutyl-3-methoxypyrazin	0,000002

Tabelle 2. Geruchsschwellenwerte (Angaben in μg/l Wasser) (nach H. Tuorila, Flavor 81, Seite 54)

	Mittelwert	Von – bis	Charakterisierung
Vanillin	32	9,00– 184	nach Vanille
n-Butylacetat	50	12,00–1238	fruchtig
Trimethylamin	7	0,80– 100	fischig
Diacetyl	0,23	0,04– 1,1	buttrig
Limonen	13	3,00– 178	Zitrone; fichtennadelähnlich

Trotz seiner auch beim Menschen hohen Empfindlichkeit ist das Rezeptororgan für die Geruchswahrnehmung relativ klein. Die Riechschleimhaut, die im oberen Nasenbereich liegt, hat nur eine Oberfläche von etwa 5 cm^2. In die Riechschleimhaut eingelagert sind die eigentlichen Riechzellen, die Cilien, eine Art ganz feiner Härchen, an die Oberfläche entsenden, welche die Geruchssubstanzen adsorbieren. Schematisch wird dies in Abb. 7 dargestellt.

Hier wird u. a. gezeigt, daß in der Riechschleimhaut auch kleine Drüsen eingelagert sind, die Flüssigkeit absondern. Dies ist für die Geruchswahrnehmung entscheidend. Riechende Stoffe müssen offensichtlich zumindest in gewissem Umfange in Lösung sein, um wahrgenommen werden zu können; jeder weiß, daß man mit einer „trockenen" Nase nicht gut riechen kann.

Anatomisch gesehen sieht ein Schnitt durch die Riechschleimhaut so wie in Abb. 8 dargestellt aus. Hier ist übrigens auch etwas deutlich gemacht, was charakteristisch für die Rezeptororgane beider chemischen Sinne ist: Die aufnehmenden Sinneszellen sind keine statischen Gebilde, sondern sie werden fortlaufend abgebaut bzw. wieder neu aufgebaut. Bei der Darstellung in Abb. 8 ist dies dadurch charakterisiert, daß eine noch

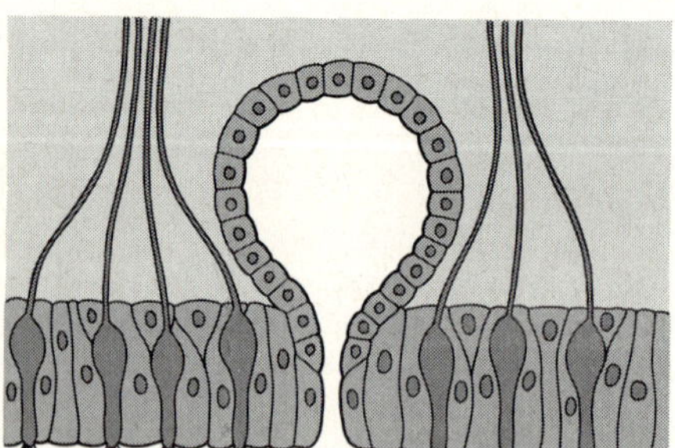

Abb. 7. Stark vereinfachtes Schema des Riechepithels (in der Mitte schleimabsondernde Drüse)

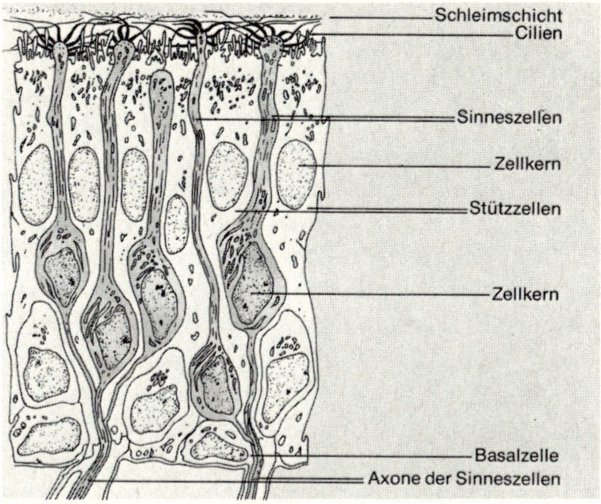

Abb. 8. Riechschleimhaut des Hundes (gezeichnet nach elektronenmikroskopischen Aufnahmen) (aus: Linder H (1982) Biologie, 18. Aufl. Metzler, Stuttgart)

nicht ausdifferenzierte Zelle (die mittlere der 5 dargestellten Sinneszellen) eingezeichnet ist.

Wie das erwähnte ungeheure Unterscheidungsvermögen zwischen etwa 10^5 bis 10^6 verschiedenen Gerüchen zustande kommt, ist noch wenig geklärt. Unter anderem spielt z. B. *eine Art gaschromatographische Trennung in der Riechschleimhaut* eine Rolle. Man hat die Säulenfüllung eines Gaschromatographen durch das Riechorgan eines betäubten Frosches ersetzt und dann die Retentionszeiten von 15 Geruchsstoffen ermittelt. Dabei ergab sich eine beträchtliche Trennwirkung der Riechschleimhaut; die Retentionszeiten unterschieden sich von der kürzesten zur längsten um den Faktor 220. Es gelang auch, diese Ergebnisse mit elektrophysiologischen Daten in Beziehung zu setzen. Sicher dürfte sein, daß die „Gaschromatographie“ höchstens einer von sehr zahlreichen Mechanismen ist, die der geruchlichen Differenzierung zugrunde liegen. Die einzelnen Riechzellen als Geruchsrepeztoren haben z. B. nur eine relative Spezifität für verschiedene Riechstoffe. Der einzelne Rezeptor ist also nicht hochspezifisch, sondern spricht auf mehrere Substanzklassen gleichzeitig an, aber mit verschiedener Empfindlichkeit, so daß ein bestimmtes „Geruchsprofil“ entsteht. Es gibt Riechzellen, die stark auf Moschus, aber wenig auf Nitrobenzol und noch weniger auf Benzonitril ansprechen. Pyridin wirkt auf diese Zellen überhaupt nicht. Bei der Vielzahl der Geruchsstoffe und der sehr verschiedenartigen Ansprechempfindlichkeit für diese Stoffe ergibt sich ein äußerst kompliziertes System, das man in keiner Weise übersehen kann. Auch weiß man noch nicht, inwieweit die vielfältigen in Tierversuchen gewonnenen Erkenntnisse – der Frosch ist eigenartigerweise hier ein beliebtes Versuchstier – übertragbar sind.

Die *Weiterleitung der Geruchsreize zum Gehirn* erfolgt über sehr dünne marklose Nervenfasern (Durchmesser etwa 0,2 µm), welche von den Riechzellen ausgehen, die Basalmembran des Riechepithels durchbrechen und sich dann zu dünnen Bündeln zusammenschließen. Diese Stränge können mehrere hundert Elemente enthalten und führen zuerst zu einem dem Gehirn eigentlich vorgelagerten, aber doch als Gehirnbestandteil anzusehenden Organ, dem „Bulbus olfactorius", der Keulenform hat, wobei die Keule sozusagen der Sammelpunkt der Nervenfasern ist. Der Bulbus olfactorius ist die Schaltzentrale, wo „Wesentliches von Unwesentlichem" getrennt wird; erst dann wird zum Riechzentrum im Gehirn weitergeleitet.

Im übrigen ist die Bezeichnung „Bulbus olfactorius" sehr treffend, denn Bulbus heißt Zwiebel, man könnte die erwähnte Keulenform auch angenährt als Zwiebelform bezeichnen. Bulbus heißt aber auch Knoblauch und daß dieser mit Riechen einen Zusammenhang hat, wird jeder spätestens dann bestätigen, wenn er einmal auf einer Reise in einem Land, in dem der Knoblauch Volksnahrungsmittel ist, eine Bahn- oder eine Busfahrt mitgemacht hat. Olfacio (ebenfalls lateinisch) bedeutet „ich rieche, ich wittere", der Wortstamm ist als Fremdwort in die deutsche Sprache eingedrungen: olfaktorisch heißt geruchlich.

Man kennt eine Unzahl von riechenden Stoffen, von Riechstoffen, die mit dem Geruchssinn erfaßt werden, und zwar nicht nur in Lebensmitteln. Die Vielfalt ist besonders im Bereich der Parfümerie extrem groß und schon seit vielen Jahrtausenden bekannt. Hinter dem Ausdruck „man kann jemand nicht riechen" steckt ein sehr wahrer Kern; die Sympathien und Antipathien, die von dem Geruch des Gegenübers ausgehen, sind nicht zu leugnen. Sigmund Freud schreibt in „Civilisation and Its Contents:

> „... trotz aller Fortschritte in der Entwicklung des Menschen findet dieser selten den Geruch seiner eigenen Ausscheidungen abstoßend, im Gegensatz zu dem anderer Leute."

Sokrates wußte, daß „der Sklave und der freie Mann gleich angenehm riechen, sobald sie parfümiert sind". Kriege wurden geführt, um die Länder zu erobern, in denen Ausgangsstoffe für kostbare Gerüche zu finden waren. So berichtet Plutarch, daß Leonidas seinen Schüler Alexander, den späteren „Großen", ermahnte, sparsam mit dem Weihrauch umzugehen, den der Junge übermütig mit vollen Händen in das Feuer warf. Das könne er später tun, wenn er Herr des Gewürzlandes sei. Alexander soll sich dieser Mahnung erinnert und von seinen ägyptischen Kriegszügen eine

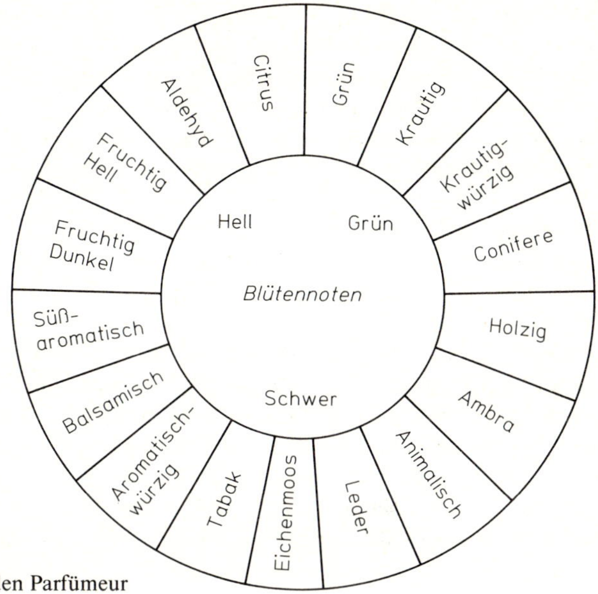

Abb. 9. Bausteine für den Parfümeur

Schiffsladung entsprechender Aromata nach Hause geschickt haben. Dabei soll ein Brief an Leonidas gelegen haben mit der Anmerkung, jetzt könne dieser die Götter üppig bedenken.

Bei den Azteken und den Inkas in Mexico bzw. Peru waren duftende Ingredienzien wertvoller als Gold, worüber sich Cortez und Pizarro sehr wunderten. Wer in Japan oder in China oder anderen Ländern des fernen Ostens war, hat die vielfältigen Geruchsnuancen noch in Erinnerung, die von den in allen Tempeln brennenden *Räucherstäbchen* ausgehen. Die Gewinnung von Geruchssubstanzen, den sog. ätherischen Ölen, aus den Rohstoffen durch Destillation war schon sehr früh bekannt. Erst vor kurzem wurde im Tal des Indus eine funktionsfähige Destillationsapparatur gefunden, in der Duftwässer hergestellt worden sind, und die mit Sicherheit etwa auf das Jahr 3000 v. Chr. datiert werden konnte. Zu welchen Extremen bei den Römern der „Kult" mit Parfümen führte, wird u. a. dadurch dokumentiert, daß diese mit Parfüm getränkte Tauben über tafelnde Gäste fliegen ließen.

Noch heute schwelgen die Parfümhersteller bei der Beschreibung ihrer Produkte in volltönenden Ausdrücken. Sie haben eine eigene Einteilung in verschiedene Gruppen, deren Bezeichnungen schon andeuten, wie vielfältig die Möglichkeiten sind.

Wenn man sich die Beschreibungen der „Kompositionen“ – so werden diese Mischungen genannt – ansieht und liest, „strahlende charakteristische Base mit weicher Moschusnote und Edelholznuance“ oder „... weist einen originell animalischen Geruch auf, der weder Moschus noch Zibeth ist. Die 1%-ige Lösung erinnert an Raubtierfell und Elefantenstall. Schon weniger als 0,1% in einer Komposition steigern Süße, Fülle und Attraktivität einer Duftnote“ oder „zarter Duft nach morgenfrischen Maiglöckchenknospen und Frühlingsgrün“, dann wird man schon „ergriffen“.

Kehren wir zur nüchternen Chemie zurück. Gibt es Zusammenhänge zwischen *chemischer Struktur und Geruchsqualität?* Moskowitz, einer der besten Kenner auf diesem Gebiet, hat festgestellt, daß eine Voraussage der Geruchsqualität aus der molekularen Struktur einzelner Geruchsstoffe bis jetzt äußerst unsicher ist. „Wann immer Beziehungen zu existieren scheinen, dann sind sie wiederum weit weg von einer Anwendung auf Mischungen von Geruchsstoffen.“ Ein Beispiel hierfür: Es ist wahrscheinlich, daß die Intensität eines Geruchs u.a. mit den hydrophoben Eigenschaften des jeweiligen Moleküls zusammenhängt. Diese Hydrophobizität wird von manchen Forschern für wichtiger als sterische und polare Eigenschaften gehalten. Es wäre aber illusorisch, zu sagen, eine Messung der Hydrophobizität reicht aus, um die Geruchsintensität eines Stoffes zu messen. Wie leicht man bei solchen Untersuchungen auch getäuscht werden kann, geht aus einem von Drawert zitierten Befund hervor: Bei Bier wurde gefunden, daß Stoffe, die mit über 99%-iger Reinheit daraus isoliert worden waren, schlecht rochen. Wurden sie aber weiter bis zu einer extremen Reinheit gebracht, so war der Geruch gut.

Dies ist im übrigen ein typisches Beispiel für eine Tatsache, die Untersuchungen über Zusammenhänge zwischen chemischer Struktur und Geruch – gleiches gilt im übrigen, wie noch gezeigt werden wird, auch für den Geschmack – so außerordentlich schwierig gestaltet: Die Geruchsaktivitäten der verschiedenen Stoffe liegen so extrem weit auseinander, können so sehr verschieden sein (s. Tabelle 2), daß eine Beimischung geringster Mengen stark geruchsaktiver Substanzen zu einem weniger aktiven Stoff dessen Geruchscharakteristik total verändert. Mit anderen Worten: Macht man von einer Mischung geruchsaktiver Stoffe ein Gaschromatogramm und findet darin eine Unzahl von kleinen und großen Peaks, so kann für den Geruch ein winzig kleiner Peak entscheidend sein, während die großen gar nicht so wichtig sind.

Natürlich kennt man aber in vielen Einzelfällen auch Zusammenhänge zwischen chemischer Struktur und Geruchsaktivität oder Geruchsqualität.

Dafür einige Beispiele: Wohl jedem ist der typische, eigenartige Geruch von Campher bekannt; wenig bekannt ist aber, daß auch so einfache Verbindungen wie 2.2.3.3.-Tetramethylbutan, aber auch Bicyclooctan, einen

1

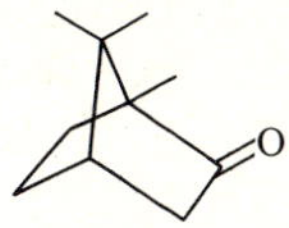

Campher

2

2.2.3.3–Tetra-methylbutan

3

Bicyclooctan

4

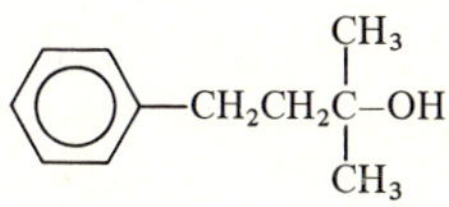

5

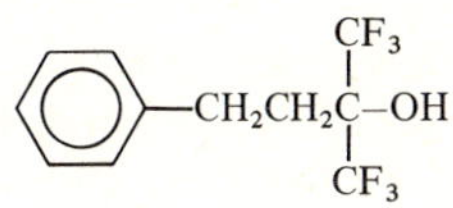

6: R = Methyl
7: R = Br

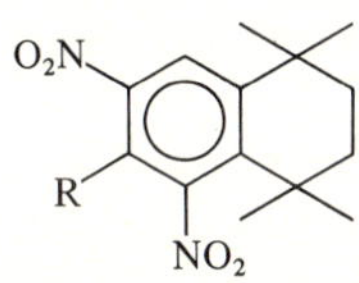

8: R = Methyl
9: R = Br

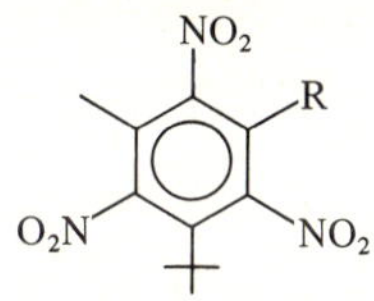

10: R = Methyl
11: R = Br

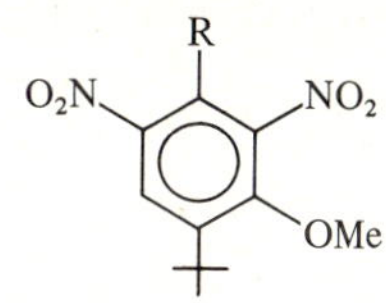

12

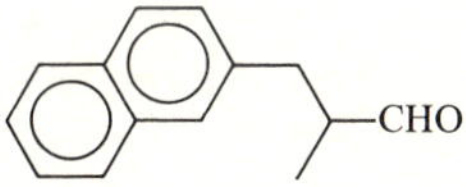

13

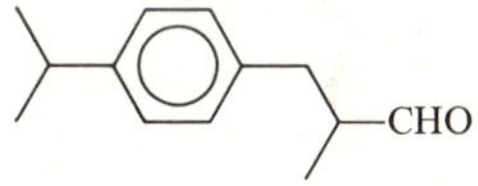

Abb. 10. Beispiele für den Einfluß der Geometrie von Molekülen auf die Geruchsqualität

sehr campher-ähnlichen Geruch aufweisen. Auch Cyclooctan könnte man hier noch dazuzählen, obwohl dessen Geruch nicht so rein campher-artig ist wie der der eben genannten Verbindungen. Wenn man sich die Formeln ansieht, so kann man doch bestimmte Ähnlichkeiten in der Geometrie der genannten Moleküle feststellen; ein Hinweis darauf, daß für die Geruchsqualität die Geometrie des Moleküls von Bedeutung sein kann. Andererseits folgt aus diesen Beispielen, daß für die Geruchsqualität

„Campher“ funktionelle Gruppen nicht wichtig sind, sondern nur die kompakte, annähernd sphärische Form des Moleküls. Selbst wenn man in einem Molekül 6 Wasserstoffatome durch Fluor ersetzt, so ändert dies den Geruch kaum, wie das Beispiel der Verbindungen 4 und 5 zeigt; das Fluor-Derivat riecht etwas herber. Aber auch hier kann man – leider – nicht verallgemeinern: Der Moschus-Charakter der Verbindungen 6 und 7 oder 8 bzw. 9 ist praktisch gleich; bei 10 und 11 ist er aber nicht mehr vorhanden. Die Bedeutung der Geometrie geht wieder aus dem nächsten Beispiel hervor: 12 und 13 haben den gleichen Geruch.

Würde man nun daraus schließen, daß grundsätzlich funktionelle Gruppen für einen Geruchsstoff nicht essentiell seien, so wäre dieses grundfalsch. Es gibt genauso Verbindungen, die praktisch nur aus einer funktionellen Gruppe bestehen und die extrem stark riechen, z. B. Ammoniak, Schwefelwasserstoff, Methylsulfid. Hier dominiert also die funktionelle Gruppe; diese Dominanz tritt aber mit zunehmender Molekülgröße zurück. Oder anders zusammengefaßt: Bei kleinen Molekülen haben funktionelle Gruppen direkten Einfluß auf die Geruchsqualität, bei großen Molekülen haben sie Einfluß auf die Orientierung und damit indirekt auf die Qualität: hier steht die Geometrie stark im Vordergrund. Im Grunde sind beide Parameter, nämlich Geometrie und funktionelle Gruppen, nicht zu trennen.

Ein weiterer Aspekt: In den 60er Jahren wurde entdeckt, daß Pyrazin, bzw. *Pyrazin-Derivate* als Geruchsstoffe in Lebensmitteln außerordentlich verbreitet und für deren Geruch wichtig sind. In einer neueren Arbeit werden 44 verschiedene Lebensmittel angegeben, bei denen solche Pyrazine zum Geruch beitragen, worunter sich so verschiedene Produkte wie Kaffee, amerikanisches Weißbrot, Casein, Popcorn, Kartoffelchips, Rum und Whisky, Pfeffer, grüne Erbsen, Tomaten, Pilze, gekochte Schweineleber, Kalbfleisch, geröstete Erdnüsse, Spargel, Spinat, Gurken, Karotten und Kürbis befinden. Die Erfahrung hat zwar gezeigt, daß man bei der Auswertung der Literatur – die Angaben stammen aus zwei zusammenfassenden Berichten – gerade bei Geruchsstoffen sehr vorsichtig vorgehen muß, ja man sollte immer eine gewisse Skepsis walten lassen; es dürfte aber wohl sicher sein, daß Pyrazine tatsächlich in den verschiedensten Arten von Lebensmitteln als Geruchsstoffe vorhanden sind. Die Geruchsaktivitäten auch von ganz einfachen Pyrazin-Abkömmlingen sind extrem unterschiedlich, was mit Tabelle 3 demonstriert werden soll.

Zu den Zahlen der Tabelle 3 muß natürlich erwähnt werden, daß es sich um Durchschnittszahlen handelt, die bei relativ wenigen Versuchspersonen gefunden worden sind. Das ändert aber nichts daran, daß sie beweisen, wie extrem die Geruchsschwellen (über deren Definition s. Kapitel 4) durch geringfügige Veränderungen im Molekül beeinflußt werden können

Tabelle 3. Geruchsschwellen einiger Pyrazine (nach S. S. Schiffman und J. C. Leffingwell (1981) Pharmacol. Biochem. Behaviour *14*: 787–798

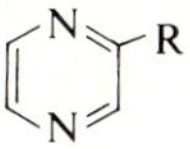 R	Mono-alkyl-pyrazine	Geruchsschwelle (ppb in Wasser)	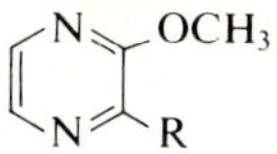 R	2-Methoxy-3-alkyl-pyrazine	Geruchsschwelle (ppb in Wasser)
Methyl		60000	Methyl		4
Ethyl		6000	Ethyl		0,4
Isobutyl		400	Propyl		0,006
			i-Propyl		0,002
			i-Butyl		0,002
			Hexyl		0,001

und wie sowohl Geometrie als auch funktionelle Gruppen beachtet werden müssen.

Als Bemerkung am Rande: Wurden die Versuchspersonen befragt, wie sie den jeweiligen Geruchseindruck mit Worten beschreiben könnten, so ergaben sich z. B. für das 2-Methylpyrazin 22 verschiedene Angaben, die von fruchtig über acetonisch zu Ammoniak, scharf, rauchig, sauer usw. reichten. Beim 2-Methoxy-3-isobutylpyrazin waren es immerhin nur 15 verschiedene Angaben, z. B. grüner Pfeffer, Alkohol, ammoniak-ähnlich, wohlriechend, sauer! So sind die Pyrazine also auch ein Beispiel für die immensen Schwierigkeiten, denen sich ein Sensoriker gegenübersieht.

Es gibt – um dies nochmals herauszuarbeiten – bis heute noch keine „allumfassende" Theorie, nach der man aus dem Bau des Moleküls auf dessen Geruchsintensität und -qualität schließen könnte. Trotz all dieser Schwierigkeiten kennt man natürlich heute bereits eine sehr große Zahl von charakteristischen Geruchsstoffen; Beispiele gibt Tabelle 4.

In der Tabelle ist eine Geruchsbeschreibung gegeben, d. h. den einzelnen Stoffen ist ein Begriff zugeordnet, der die sensorische Geruchseigenschaft charakterisiert. Es sei aber davor gewarnt, von den restlichen $10^{\times}$ anderen Geruchsstoffen zu erwarten, man könnte ihnen allen solche relativ eindeutigen Geruchsbeschreibungen zuordnen!

Am Rande sei vermerkt, daß nach neuesten Untersuchungen Linkshänder eine signifikant erhöhte Geruchsempfindlichkeit in der linken Seite der Nase haben sollen, während die entsprechende Tendenz nach rechts weniger stark sei!

Tabelle 4. Primärqualitäten von Gerüchen (nach Belitz und Grosch)

Qualität	Charakteristische Verbindung
blumig	Phenylethyl-methyl-ethyl-carbinol
ätherisch	Propanol, 1,2-Dichlorethan
campher-artig	Campher
moschus-artig	Moschusxylol
minz-artig	Menthon
faulig	Dimethylsulfid
stechend	Essigsäure, Ameisensäure
blumig	β-Ionon
ätherisch	Propanol
süß	Vanillin
ranzig	Buttersäure
schwefel-artig, nach Knoblauch, Zwiebel	Diethylsulfid
mandel-artig	Benzaldehyd
mottenkugel-artig	Naphthalin
ammoniak-artig	Ammoniak
fischig	Trimethylamin
fruchtig	Benzylacetat

2.2.4 Geschmackssinn

2.2.4.1 Allgemeines

Bevor die sinnesphysiologischen Grundlagen des Geschmackssinns besprochen werden, ist eine Klarstellung vonnöten: Das, was wir landläufig als den Geschmack eines Lebensmittels bezeichnen, ist *ein Zusammenspiel verschiedener Sinneseindrücke*. Es ist eine Vermischung zumindest von Geruch und Geschmack. Aber auch „haptische", also Tastsinneseindrücke, die mit Zunge, Mundhöhle und Rachen empfangen werden, spielen eine Rolle. Zweckmäßig wäre es also, in diesem Zusammenhang von „Aroma" oder – um das moderne, leider unübersetzbare englische Lehnwort zu gebrauchen – von „Flavor" zu sprechen. Die Problematik, die diesbezüglich für die sensorische Prüfung von Lebensmitteln besteht, wird noch diskutiert werden.

Sinnesphysiologisch gesehen kann man sich aber mit dem „reinen" Geschmacksempfinden, mit dem reinen Geschmackssinn befassen. Der Geschmackssinn läßt sich eindeutig abtrennen und auch ganz einfach definieren: Geschmack ist die Sinnesempfindung, die durch das sog. „gustatorische Organ", die „Geschmacksknospen", vermittelt wird (man

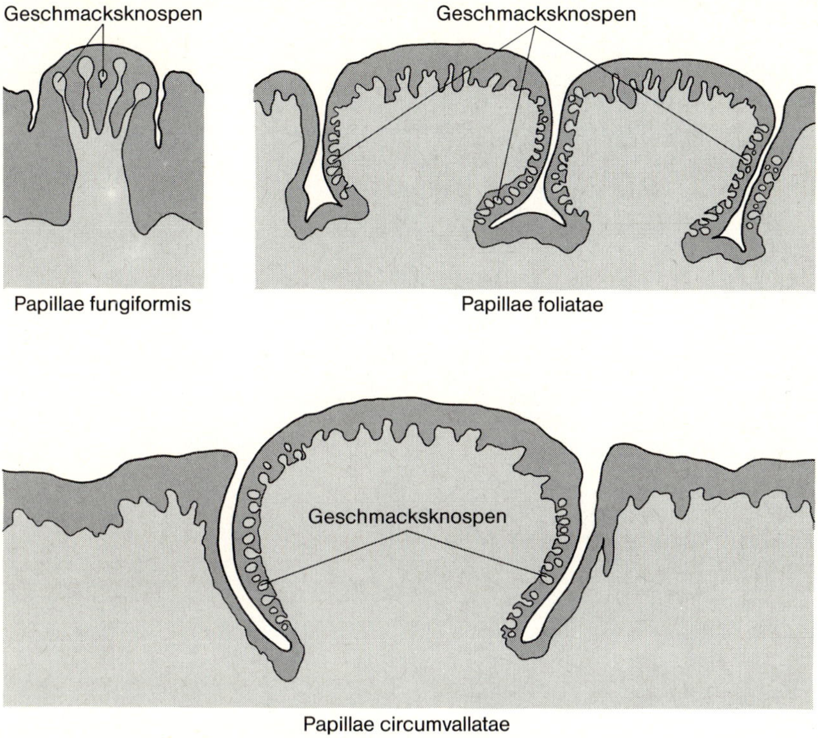

Abb. 11. Schematische Darstellung der verschiedenen Papillenarten

spricht deshalb auch manchmal – in der Schweiz ausschließlich – von Degustation, wenn man die Verkostung eines Lebensmittels meint). Diese spezialisierten Rezeptororgane sind in erster Linie in Rillen und Furchen auf der Zunge, aber auch in geringerem Umfange auf dem weichen Gaumen, im Rachenraum, an der Innenseite der Wangen und in der Rachenhöhle lokalisiert. Sie liegen immer zu mehreren beieinander innerhalb von kleinen aber sichtbaren Erhöhungen z. B. der Zunge, den sog. „Papillae". Diese teilt man nach Form und Standort in drei Gruppen ein: Die *fungiformen Papillae,* also die pilzähnlichen, die *Papillae foliatae,* die blattähnlichen, und die *Papillae circumvallatae,* also die Papillen, die rundum mit einem Wall umgeben sind.

Abb. 11 gibt schematisch wieder, wie diese Papillen aussehen. Die verschiedenen Arten von Papillen sind nicht gleichmäßig auf der Zungenoberfläche verteilt; die Wallpapillen *(Papillae circumvallatae)* sind hauptsächlich am Zungengrund zu finden, die Blattpapillen *(Papillae foliatae)*

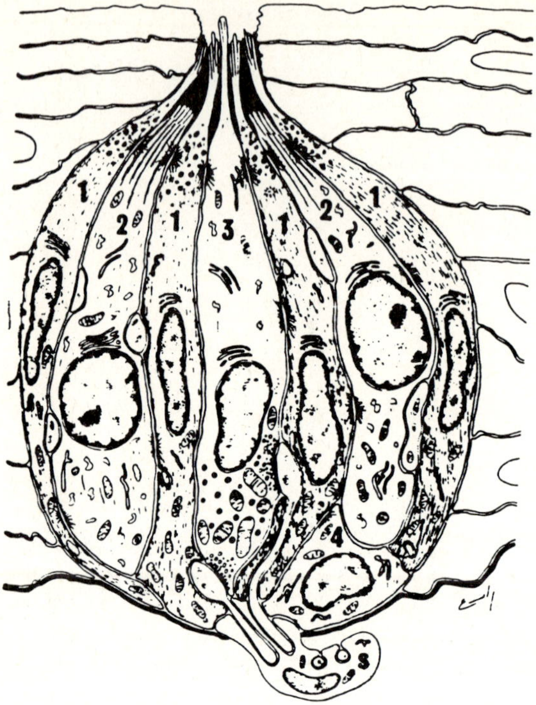

Abb. 12. Geschmacksknospe mit den verschiedenen Zellarten

am Zungenrand, während die Pilzpapillen *(Papillae fungiformes)* so ziemlich über die ganze Zunge verteilt sind. Es gibt aber auch kleine Bereiche in der Zunge, die keine Papillen enthalten und trotzdem geschmacksempfindlich sind; hier kommen Nervenendigungen, die im *Nervus glossopharingicus* vereinigt werden, direkt an die Oberfläche. Der Anteil dieser geschmacksempfindlichen Bereiche ist aber gering.

Eigentliches Geschmacksorgan ist die *Geschmacksknospe.* So bezeichnet man bestimmte Zellgebilde, die in die Papillen eingelagert sind. Ihre Struktur wird schematisch in Abb. 12 wiedergegeben.

Jede Geschmacksknospe enthält etwa 20 bis 30 Geschmacks-Sinneszellen, die sich bis wenig unter die oberste Schicht der Zungenoberfläche erstrecken. Dort befindet sich eine Öffnung zur Oberfläche hin, der „Geschmacksporus", in welchen die Sinneszellen zottenartige Fortsätze, die sogenannten *Mikrovilli,* entsenden, wie wir es schon in ähnlicher Form bei den Geruchs-Sinneszellen gesehen haben. Diese Mikrovilli sind wahrscheinlich der eigentliche Ort des Geschehens, d.h. an ihnen muß – vor-

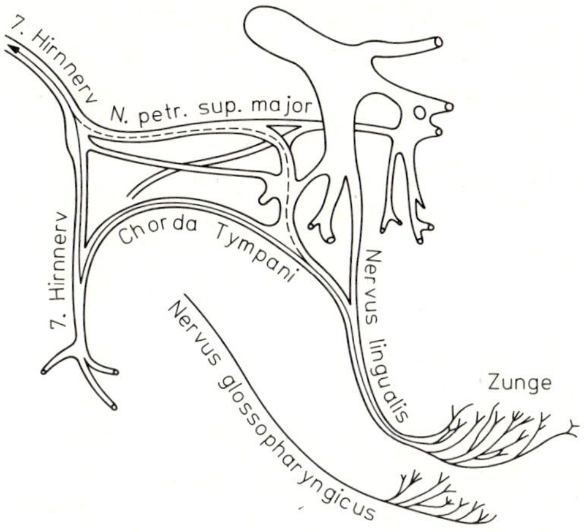

Abb. 13. Schematische Darstellung der Weiterleitung von Geschmacksreizen zum Gehirn

läufig einmal ganz allgemein gesagt – „etwas passieren", um einen Geschmackseindruck zu bewirken. Die Geschmackszellen sind wiederum mit Nervenfasern ausgestattet, die von der Basis der Geschmacksknospe her zu den von der „Basalmembran" herkommenden Fasern reichen und damit die Verbindung zum Gehirn herstellen. Etwas verallgemeinert sind die Verhältnisse in Abb. 13 dargestellt.

Die aus den Geschmackszellen kommenden feinen Nervenfasern versammeln sich – zumindest aus den vorderen ⅔ der Zunge – im *Nervus lingualis,* der über die *Chorda tympani,* die sog. „Paukensaite", in der etwa 2000 Nervenfasern vereinigt sind, zum siebenten Hirnnerv geführt werden. Wahrscheinlich ist, daß auch einige Informationen über den *Nervus petrosus superficialis major* laufen, aber ebenfalls letztenendes beim siebenten Gehirnnerv anlangen. Das hintere Drittel der Zunge wird vom *Nervus glossopharingicus* versorgt, der als sogenannter neunter Hinrnerv im Gehirn endet; die relativ wenigen geschmacksempfindlichen Teile von Rachen und Kehlkopf „unterstehen" dem zehnten Gehirnnerv.

Alle durch Geschmacksstoffe bewirkten „Erregungen" landen schließlich im *Gyrus postcentralis* im oberen Teil des Gehirns, wo sie „verarbeitet" werden; mit anderen Worten, hier wird dem Gehirn und damit dem Menschen sozusagen der Befehl erteilt, z. B. „süß" zu empfinden.

Welche Vorgänge laufen zwischen *Reizstoff und Rezeptor,* also zwischen Geschmacksstoff und Nervenendungen bzw. Geschmackszelle ab? Bei Überlegungen zu den Vorgängen zwischen geschmacksaktivem Stoff und Rezeptormolekülen muß bedacht werden, daß es sich wohl kaum um echte Bindungsreaktionen zwischen den beiden Agentien handeln kann: Der Geschmackseindruck, der durch einen geschmacksaktiven Stoff hervorgerufen wird, ist ja vorübergehender Natur, mit anderen Worten, nach dem Schlucken (oder Ausspucken!), also nachdem die geschmacksaktive Lösung von der Zunge weg ist, verschwindet der Geschmackseindruck mehr oder weniger schnell. Der naheliegende Schluß ist, nur schwache Wechselwirkungen anzunehmen, z. B. Wasserstoff-Brückenbindungen, die ja relativ schnell wieder gelöst werden können. Natürlich könnte man sich aber auch denken, daß bei der Wechselwirkung zuerst tatsächlich Verbindungen gebildet werden, die aber dann die Aktivität von Enzymen anregen, welche diese Bindungen wieder spalten. Dies sind aber noch weitgehend Vermutungen; sicher ist, daß z. B. das Enzym Adenylatcyclase in bemerkenswerten Mengen in den Geschmackspapillen vorkommt.

Überhaupt weiß man über die Rezeptorseite des Geschmacks noch relativ wenig; es sind auch nur wenige Forscher, die hierüber arbeiten. Einer davon ist Robert H. Cagan von der Universität von Pennsylvania. Außerordentlich interessant ist sein „Modell“: Er arbeitet mit den sehr sensiblen Geschmacksknospen aus den Barthaaren des Welses! Fragmente der Zelloberflächenmembran konnten extrahiert werden, die reich an Rezeptorstoffen sind und es ließ sich beweisen, daß geschmacklich wahrnehmbare Substanzen sich chemisch an diese Stoffe binden. Sicher scheint zu sein, daß es sich bei den entsprechenden Strukturen um *Membranen* handelt, die aus Eiweiß- und Fettmolekülen (Lipid-Protein-„Aggregate“) zusammengesetzt sind. Solche Membranen spielen im Körper die verschiedensten Rollen. Sie sind z. B. sehr wichtig für die Resorption von Nährstoffen, weil sie – verallgemeinert gesagt – hydrophobe und hydrophile Eigenschaften besitzen. Wenn man die Lipide aus den „Geschmackszellen-Membranen“ entfernt, so erfolgt keine Bindung der geschmacksaktiven Stoffe mehr. Es ist natürlich klar, daß man auf keine Weise erfahren kann, „was der Wels denkt“, ob für ihn etwas süß, bitter, oder wie auch immer schmeckt. Man kann aber andererseits mit den beim Wels entwickelten Methoden aus tierischen oder menschlichen Zungen Rezeptormembranen präparieren und Wechselwirkungen untersuchen. Aber auch hier wird es noch sehr sehr schwierig sein, die Ergebnisse zu deuten. Unbedingte Voraussetzung für eine Reaktion ist natürlich auch, daß der „sinnesaktive“ Stoff überhaupt an den Rezeptor, also an die Sinneszelle gelangt und die Voraussetzung hierfür ist eine zumindest geringfügige Wasserlöslichkeit. Die einzigen absolut geschmacksinaktiven Stoffe sind Edelmetalle.

Nur gelöste Stoffe können mit der Sinneszelle in Wechselwirkung treten, können die Nervenzelle „erregen“, eine Vorbedingung dafür, daß elektrische Signale entstehen. Es ist interessant, welchem im Grunde einfachen Mechanismus die Vorgänge bei der Entstehung des elektrischen

Impulses folgen. Die Membran einer erregbaren Nervenzelle weist im Ruhezustand ein Ruhepotential auf. Es ist eine bestimmte elektrische Spannung vorhanden, die im wesentlichen durch außerhalb der Zelle befindliche Natrium-Ionen und durch Kalium-Ionen im Zellinneren aufrecht erhalten wird. Wird nun die Zelle erregt, so strömen Natrium-Ionen ein, Kalium-Ionen treten aus: Dadurch bricht das Potential zusammen und es resultiert der elektrische Impuls. Anschließend wird das Ruhepotential durch den nunmehr sozusagen umgekehrten Austausch der Ionen wieder hergestellt. Der Austausch erfolgt über spezielle für Natrium- und Kalium-Ionen spezifische Kanäle. Diese Kanäle sind im Falle der Erregung geöffnet, im Ruhezustand nur beschränkt oder gar nicht durchlässig. Die Kernfrage läßt sich also wie folgt präzisieren: Welche Vorgänge, welche Reaktionen zwischen geschmacksaktiver Substanz und Rezeptor verursachen letztlich die Öffnung der Ionenkanäle und damit den Ionenaustausch? Damit kommen wir zu der Frage nach den Struktur-Wirkungs-Beziehungen zwischen geschmacksaktivem Stoff und Sinneszelle. Bevor wir in dieses faszinierende, und zwar für den Chemiker, den Physiologen und wohl auch den Laien faszinierende Gebiet eintreten, muß noch ein weiterer Bereich geklärt werden.

Als reine Geschmacksrichtungen kann man nämlich nur vier „Geschmäcker" bezeichnen, nur diese kann der Mensch als reinen Geschmack empfinden. Bei der Vielfalt der Geschmacksarten, die der Gourmet zu unterscheiden und zu schätzen weiß, handelt es sich stets um Mischungen, um Mischgeschmäcke, wobei Art und Intensität in vielfältigster Weise variieren können. Rein können wir nur süß, sauer, salzig und bitter erkennen. Versuche, einen sogenannten „elektrischen" Geschmack sowie einen „alkalischen" Geschmack zu definieren, sind bisher mißlungen.

Ein neuer Versuch, „spezielle Geschmäcker" zu definieren, sie zu lokalisieren und ihnen Rezeptoren sowie Stimuli zuzuordnen, wurde 1979 unternommen. Hierbei wird von 12 Geschmacksempfindungen ausgegangen, wie aus Tabelle 5 hervorgeht. Es fällt auf, daß z.B. zwischen zwei „Süß-Qualitäten" und zwei „Bitter-Qualitäten" unterschieden wird, die von verschiedenen Stimuli bewirkt werden, deren Rezeptororgane an verschiedenen Stellen der Mundhöhle liegen, die dort aufgenommen und über verschiedene Ganglien (Knotenpunkte in der Nervenleitung) zum Gehirn geleitet werden. Ist diese Betrachtungsweise ein Fortschritt? Wohl kaum! Wie soll z.B. eine Geschmacksempfindung „wohlschmeckend" definiert werden? Auch ist es wohl nicht richtig, „adstringierend" und „scharf" als Geschmacksart zu definieren, denn beides ist als Schmerzempfindung zu werten und auch ihre Weiterleitung zum Gehirn erfolgt auf ganz anderem Wege, nämlich direkt über den *Nervus trigeminus*. Der

Tabelle 5. Zusammenfassung einiger Geschmacksempfindungen beim Menschen

Geschmacks-empfindung	Lokalisation	Stimuli	Rezeptor
1. Salzig	Vordere Zunge, Gaumen	NaCl, KCl	Geschmacks-knospen
2. Sauer	Vordere Zunge, Gaumen	Malonsäure	Geschmacks-knospen
3. $Süß_1$	Vordere Zunge, Gaumen	L-Tryptophan	Geschmacks-knospen
4. $Bitter_1$	Vordere Zunge, Gaumen	L-Alanin, Fructose	Geschmacks-knospen
5. Wohl-schmeckend	Vordere Zunge, Gaumen	Lactone	Geschmacks-knospen
6. $Süß_2$	Hintere Zunge	Dihydrochalzone	Geschmacks-knospen
7. $Bitter_2$	Hintere Zunge	$MgSO_4$, Phenole	Geschmacks-knospen
8. Adstringierend	Mundhöhle	Theaflavin	Freie Nerven-endungen
9. Scharf	Mundhöhle	Capsaicin	Freie Nerven-endungen
10. $Umami_1$	Hintere Zunge	Mononatriumglutamat	Geschmacks-knospen
11. $Umami_2$	Hintere Hundhöhle	IMP, GMP	Geschmacks-knospen
12. Metallisch	Hintere Zunge	Silbernitrat	Geschmacks-knospen (?)

Begriff „Umami“ (dies ist ein japanisches Wort und bedeutet an sich „süß“) muß besonders erläutert werden: In der Sensorik kennzeichnet man mit „Umami“ die Tatsache, daß es *geschmacksverstärkende Substanzen* gibt, also Substanzen, die selbst kaum einen Eigengeschmack haben, aber den Eigengeschmack bestimmter Stoffe verstärken; das bekannteste Beispiel ist das Natriumglutamat, das wir aus Soßenpulvern usw. kennen. Aber auch Inosin-monophosphat und Guanosin-Monophosphat haben solche Eigenschaften. Die Geschmacksempfindung „metallisch“ ist zumindest zweifelhaft, obwohl man bei manchen Lebensmitteln einen ganz typischen Geschmacksfehler finden kann, der mit „metallisch“ bezeichnet wird. Auch weiß jeder Raucher, der einmal versucht hat, sich durch Gurgeln mit Silbernitrat-Lösung von diesem Laster zu befreien, wie scheußlich metallisch dieses schmeckt.

Die Tabelle wurde nur aufgenommen, um zu demonstrieren, daß immer wieder Versuche gemacht werden, die Vielfalt der möglichen Geschmacksempfindungen weiter systematisch aufzuteilen. Die Theorie,

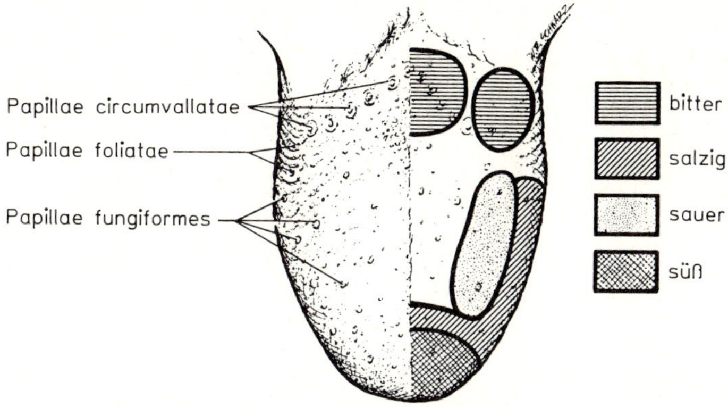

Abb. 14. Verteilung der Geschmacksempfindlichkeiten auf der Zunge

sämtliche Geschmacksempfindungen ließen sich aus vier Geschmacksrichtungen zusammenstellen, dürfte doch etwas zu einfach und unrealistisch zu sein. Aber auch im Lichte der neuesten Erkenntnisse läßt sich nicht widerlegen, daß als reine Geschmacksrichtungen eben nur süß, sauer, salzig und bitter zu definieren und zu empfinden sind („Grundgeschmacksrichtungen").

Nun aber wieder zurück zum eigentlichen Geschmacksorgan, nämlich zur Zunge. Warum läßt *der Weinkenner* den Wein über die Zunge „wandern"? Warum behält er ihn noch einige Zeit im Mund, bevor er ihn runterschluckt? Warum tut ihm der Sensoriker auch bei der Prüfung anderer Lebensmittel dies nach? Der Grund ist ganz einfach: Nur so kann man den vollen Geschmackseindruck erfassen, nur so kann man das Zusammenspiel der verschiedenen Geschmacksrichtungen richtig genießen! Verantwortlich hierfür ist die *„Anatomie der Zunge";* man kann dies wiederum am besten anhand der vier Grundgeschmacksrichtungen süß, sauer, salzig und bitter erläutern: Die Geschmacksknospen sind verschieden empfindlich gegenüber diesen Grundgeschmacksrichtungen und sie sind zusätzlich auf verschiedene Regionen der Zunge verteilt, wie Abb. 14 schematisiert darstellt. Die für „bitter" empfindlichen Geschmacksknospen sind hauptsächlich am Zungenhintergrund, und zwar in den *Papillae circumvallatae* lokalisiert, „salzig" empfinden wir am stärksten am Zungenrand, während für die gegen „sauer" empfindlichen Knsopen mehr die Zungenmitte zuständig ist. „Süß" schmeckt man am intensivsten an der Zungenspitze. Würde also der Liebhaber von *Pilsner Bier* nur die Zungenspitze in das Bier hängen, so hätte er kaum seinen speziellen Genuß; da er sein Pilsner aber trinkt, kommt es automatisch vor dem Schlucken mit den

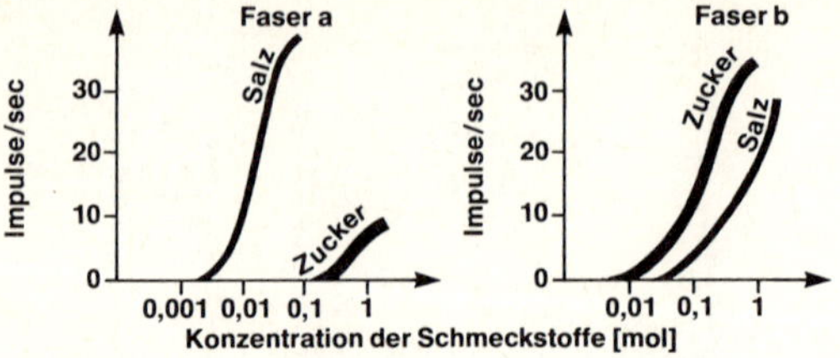

Abb. 15. Unterschiedliche Empfindlichkeit von Geschmackszellen für „süß" und „salzig" (aus: Linder H (1982) Biologie, 18. Aufl. Metzler, Stuttgart)

Bitter-Rezeptoren in Berührung. Natürlich sind diese Bereiche auf der Zunge nicht streng voneinander abgegrenzt. Es gibt Untersuchungen, nach denen das eben erwähnte „Pilsener-Experiment" nicht voll funktioniert, weil auch in der Zungenspitze (zumindest bei einzelnen Personen) Bitter-Rezeptoren vorliegen sollen –, aber von einer klaren und deutlichen Bevorzugung im beschriebenen Sinne muß ausgegangen werden. Dazu kommt noch, daß die Spezifität der Geschmackssinneszellen nicht 100%-ig ist; an sich reagieren alle auf alle vier Grundgeschmacksrichtungen, nur erzeugen die einzelnen Grundqualitäten an den jeweiligen Zellen verschieden starke Reaktionen. Als Beispiel möge die Abb. 15 dienen. Hier wird gezeigt, daß eine Zelle für „süß" und „salzig" fast gleich empfindlich ist, während eine andere auf Zucker fast gar nicht, auf Kochsalz aber stark reagiert. So gibt es eine Vielfalt von Abstufungen, was die Vielfalt der möglichen Geschmacksempfindungen illustriert. Nebenbei gesagt: Nicht nur auf der Zunge ist die Empfindlichkeit für die Grundgeschmacksrichtungen verschieden: Auch am harten Gaumen werden sauer und insbesondere bitter „hinten" – und zwar ziemlich intensiv – stärker wahrgenommen.

Ein weiterer Punkt kommt noch hinzu: Unser „Geschmack" ist nicht jeden Tag gleich! Wie kommt das? Nun, Geschmacksknospen sind dynamische Gebilde; man spricht direkt von einer „Geschmackszellen-Mauserung" mit einer Halbwertszeit von rund 250 ± 50 Stunden. Hierunter versteht man Teilung und Ausdifferenzierung zunächst unspezifischer Zellen am Boden einer Geschmacksknospe bei gleichzeitigem Absterben der mitten in der Geschmacksknospe gelegenen älteren Geschmackszellen. Wir haben also nie genau gleich viele gleichgeartete Geschmacksrezeptoren im Mund!

Die *Regenerationsfähigkeit der Geschmackszellen* läßt mit zunehmendem Alter nach; grob geschätzt sollen Babies über etwa 8000 bis 12000 Geschmackszellen verfügen, während man beim Erwachsenen etwa 4000 bis 6000 zählt; bei Greisen sind nur noch 2000 bis 3000 Zellen aktiv. Die Zahl

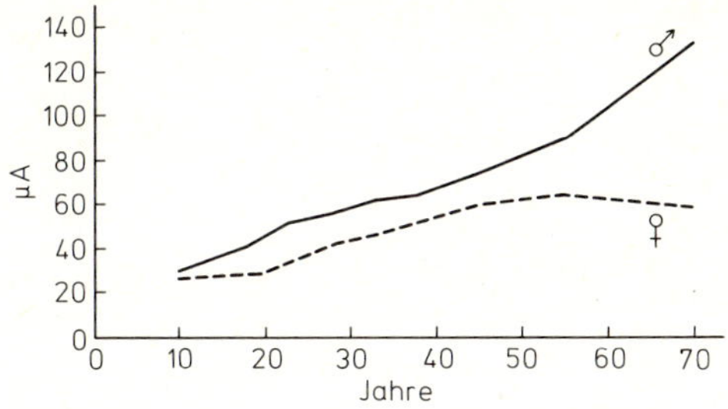

Abb. 16. Änderung der Empfindlichkeit mit dem Alter bei der Elektrogustometrie (oben männlich, unten weiblich)

der Geschmacksknospen, von denen jede etwa 10 bis 70 Geschmackszellen enthält, bleibt von der Geburt bis zum 20. Lebensjahr ziemlich konstant, nimmt bis zum 65. Lebensjahr nur leicht ab, während im hohen Alter ein starker Abfall gefunden wird.

Ist die *Geschmacksempfindlichkeit im Alter* stark verringert? Diese Frage wurde in den letzten Jahren sehr eingehend untersucht. Als Methode wurde die *„Elektrogustometrie"* angewendet, eine im ersten Augenblick etwas überraschend anmutende Methode zur Messung der Geschmacksempfindlichkeit. Als Kathode dient eine mit angefeuchtetem Mull überzogene Plattenelektrode, die am Unterarm der Versuchsperson angebracht wird. Die Anode, also der Minuspol, ist ein Silberdraht von etwa 3 mm Durchmesser, der an die entsprechenden Abschnitte der Zunge bzw. der Mundschleimhaut angelegt wird. Nun wird der minimale Wert der Stromstärke registriert, bei denen die Versuchsperson gerade eben „etwas merkt". Man setzt also die Stromstärke, die die Geschmacksrezeptoren gerade noch zu erregen vermag, als Maß für die Geschmackswahrnehmungsschwelle. Vielfältige Untersuchungen haben eine durchaus enge Korrelation zwischen elektrogustometrisch ermittelten Werten und Geschmack aufgezeigt. Die Untersuchungen zur Altersabhängigkeit haben ergeben, daß die zur Erregung notwendigen Stromstärken im Durchschnitt mit zunehmendem Alter immer mehr zunehmen.

Abb. 16 zeigt dies und zeigt auch die bessere Erhaltung der Geschmacksempfindlichkeit beim weiblichen Geschlecht. Neuere Untersuchungen weisen aber darauf hin, daß die Unterschiede nicht signifikant sind. Auch muß man die sehr großen individuellen Unterschiede bedenken: Manche Versuchspersonen merken erst 270 μA, andere jedoch bereits 10 bis 20 μA.

2.2.4.2 Grundgeschmacksrichtungen und chemische Struktur von Geschmacksstoffen

Zurück zu den Grundgeschmacksrichtungen und zur Chemie. Welche Stoffe sind es nun, welche die „Geschmackssensationen" sauer, salzig, bitter und süß hervorrufen? Und was passiert dabei chemisch gesehen an den Geschmacksrezeptoren? Für den *Grundgeschmack „sauer"* scheint die Angelegenheit relativ einfach zu sein: Man weiß schon lange, daß H^+-Ionen für den sauren Geschmack verantwortlich sind. Ungeklärt ist allerdings, daß die Intensität des Eindruckes „sauer" keinesfalls direkt mit der Stärke der Säure, also der Zahl der H^+-Ionen zusammenhängt. Eine stärkere Säure kann durchaus weniger sauer schmecken als eine schwächere Säure! Es spielen also neben dem pH-Wert noch andere Merkmale – wohl struktureller Art – des Säuremoleküls eine Rolle. So scheinen schwach dissoziierte organische Säuren bei gleichem pH-Wert gegenüber anderen einen stärker sauren Geschmack hervorzurufen, die Intensität des sauren Geschmackes nimmt bei aliphatischen organischen Säuren nicht nur mit der H^+-Ionen-Konzentration, sondern auch mit der Länge der Kohlenstoff-Kette zu. Ohne H^+-Ionen gibt es aber keinen sauren Geschmack.

Bei Personen, die sich bei Magensäuremangel angewöhnt haben, Zitronen auszulutschen oder den unverdünnten Saft zu trinken, kann eine deutliche Unterempfindlichkeit gegen die Grundgeschmacksrichtung sauer auftreten. Nach Abkehr von dieser Gewohnheit (oder Behebung des Magensäuremangels) konnte eine Empfindlichkeitssteigerung gegenüber „sauer" um mehrere Konzentrationsstufen festgestellt werden. „Sauer-unempfindliche" Personen sollen oft gegenüber süß besonders empfindlich sein. Dies hört auf, wenn der Magensäuremangel behoben wird.

Auch bei der *Grundgeschmacksrichtung „salzig"* haben wir relativ einfache Regeln dafür, welche Eigenschaften ein Stoff haben muß, um salzig zu schmecken. Ein – man möchte fast sagen Paradoxon – voraus: Es gibt nur einen einzigen Stoff, der rein salzigen Geschmack aufweist, nämlich das Kochsalz. Und auch dies schmeckt in ganz niedriger Konzentration für die meisten Leute süß! Insgesamt sind aber alle Stoffe mit zumindest teilweise salzigem Geschmack kristalline, wasserlösliche Salze, die in Lösung positive und negative Ionen abdissoziieren. Außer Kochsalz rufen sie aber mehr oder weniger deutliche Mischgeschmäcke hervor, z. B. Ammoniumchlorid sauer-salzig, Magnesiumchlorid salzig-bitter, Kaliumsulfat sauer-bitter. Bei Magnesiumsulfat, das süß-bitter schmeckt, ist „salzig" fast nicht mehr zu bemerken. Es schmeckt aber keinesfalls jedes anorganische Salz „salzig". Im Gegenteil, zur spezifischen Geschmacksqualität und zur Geschmacksintensität der Salze tragen sowohl die Anionen wie die Kationen bei. Bleiacetat z. B. schmeckt sogar intensiv süß, woher sein Trivialname

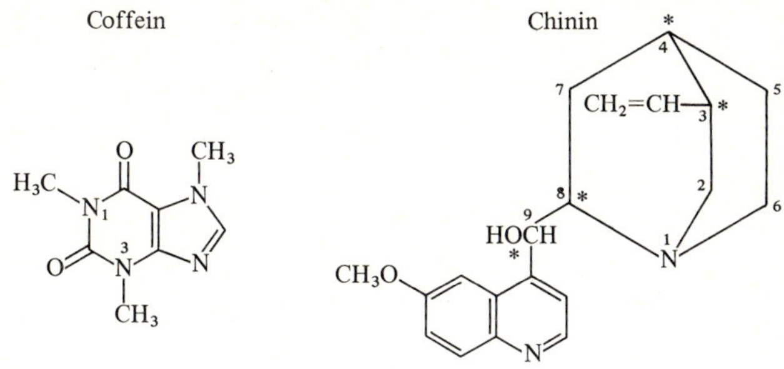

Abb. 17

„Bleizucker" rührt. Im Mittelalter, als Rohrzucker noch als Gewürz galt, der Weinbau aber bereits bekannt war, kamen Todesfälle vor, weil damals wie heute der saure Wein versüßt wurde, damals allerdings mit Bleizucker!

Beim *Grundgeschmack* „bitter" ist die Situation schwierig. Es gibt eine Unzahl verschiedenst strukturierter Moleküle, die bitter schmecken. Über Ansatzpunkte zur Klärung der Struktur-Wirkungs-Beziehungen ist man noch nicht hinausgekommen. Hier einige Beispiele für „Ungereimtheiten": Bestimmte Aminosäuren schmecken bitter in der L-Form, in der D-Form nicht, – und umgekehrt. Es gibt bitterschmeckende Peptide und nicht bitter-schmeckende. Reinen Bittergeschmack rufen sowohl Coffein als auch Chinin (s. Tab. 30) hervor, die gewiß nicht als chemisch sehr nahe verwandte Stoffe bezeichnet werden können (Abb. 17): Nur mit viel Mühe kann man „Strukturverwandtschaft" konstruieren. Für „bitter" sind viele gute Ansätze zu Theorien über Struktur-Wirkungs-Beziehungen aufgestellt worden, insbes. im Bereich der Aminosäuren und der Dipeptide, doch Verallgemeinerungen sind noch nicht möglich.

Etwas anders verhält es sich mit der *Grundgeschmacksrichtung „süß"*. „Süß" wird ganz allgemein als ein schmackhafter und attraktiver Reiz empfunden. Große Opfer haben die Menschen schon in frühester Zeit auf sich genommen, um an süß-schmeckende Stoffe heranzukommen, wie Felsmalereien aus der Steinzeit (Arana, Spanien) zeigen, auf denen ein Mensch mit bloßer Hand in ein Bienennest greift, um den Honig zu entnehmen. Welch lebensgefährliche bzw. zumindest äußerst schmerzhafte Prozedur diese Art der Gewinnung eines süß-schmeckenden Stoffes war, kann man sich leicht vorstellen.

Prototyp für süß-schmeckende Stoffe ist die *Saccharose,* also der Rohr- oder Rübenzucker. Diesen Stoff bezeichnet man im allgemeinen ganz einfach als „Zucker". Viele Tiere und praktisch alle Menschen nehmen Saccharose in erheblichen Mengen auf, und zwar unabhängig davon, ob sie hungrig sind oder nicht. Das ist ein schlagender Beweis für die Tatsache,

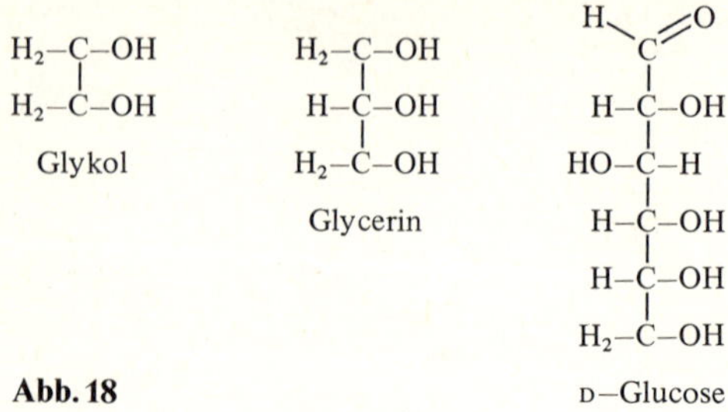

Abb. 18

daß der Geschmackseindruck „süß“ von den allermeisten Menschen als angenehm empfunden wird.

Was die Zusammenhänge zwischen chemischer Struktur und Süßgeschmack betrifft, so scheint die Lage auf den ersten Blick sehr einfach zu sein: Alles, was „Zucker“ heißt, ist süß. Oder, auf die chemische Formel bezogen, Verbindungen, bei denen OH-Gruppen sozusagen aufgereiht vorkommen, sind charakteristisch dafür, süße Geschmackseindrücke hervorzurufen! Glykol ist süß, Glyzerin ebenfalls, Traubenzucker auch (Abb. 18).

Nun ist es zwar richtig, daß praktisch alle Mono- und Disaccharide mehr oder weniger stark süß schmecken, aber eben nur mehr oder weniger stark. Wäre die Zahl der OH-Gruppen, die bei der in Abb. 18 verwendeten Schreibweise im Molekül sozusagen nebeneinander stehen, allein maßgebend, so könnte man die extremen Unterschiede in der Süßintensität der verschiedenen Zucker keinesfalls erklären. Zeichnet man die Formeln aber so, wie das Molekül in Wirklichkeit „aussieht“, dann sieht es schon ganz anders aus. Als Beispiel möge die Abb. 19 dienen. Hier sind die Strukturformeln von Malzzucker und Rohrzucker, also Maltose und Saccharose, dargestellt. Die „Form“ dieser beiden Moleküle ist extrem verschieden, obwohl gleichviel OH-Gruppen enthalten sind. Geht man also von der Bedingung aus, daß, um einen entsprechenden Reiz in der Rezeptorzelle zu erzeugen, eine „Wechselwirkung“ zwischen Molekülen in der Rezeptorzelle und Molekülen des geschmacksaktiven Stoffes stattfinden muß, so verwundern die Unterschiede in der Süßkraft längst nicht mehr so sehr.

Um solche Verhältnisse zahlenmäßig erfassen zu können, muß man zuerst den Begriff *„Süßkraft“ bzw. „relative Süßkraft“* definieren. Da Saccharose „der Zucker“ ist, wird dessen Süßkraft meist als Basis[1] genommen

---

[1] Die Mediziner sind hier eine Ausnahme: Für sie ist der Zucker, der bei Diabetes, der Zuckerkrankheit, auftritt, nämlich die Glucose, der Traubenzucker, das „Maß aller Dinge“

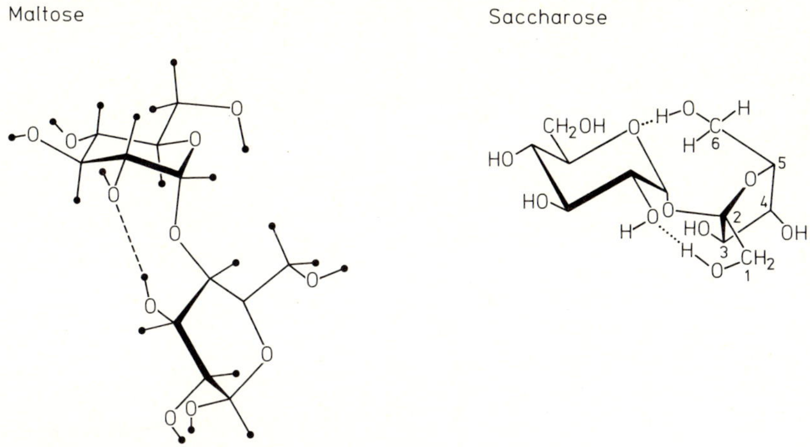

Abb. 19. Strukturformeln von Maltose und Saccharose

und gleich 1 gesetzt. Ein Stoff, der halb so süß schmeckt, hätte dann die Süßkraft 0,5 usw. Meist gibt man aber die relative Süßkraft an, setzt also die Süßkraft von Saccharose gleich 100 und ein halb so süßer Stoff hat demnach eine relative Süßkraft von 50. Die Messung der Süßkraft kann natürlich nur sensorisch geschehen (s. Kapitel 4). In Tabelle 6 sind Angaben über die relative Süßkraft einiger „OH-reicher" Verbindungen enthalten.

Diese Zahlen könnten, oberflächlich betrachtet, die „OH-Gruppen"-Theorie stärken, denn die genannten Zuckeralkohole haben eine ganz erhebliche Süßkraft, ebenso wie das Glyzerin. Dabei fällt auf, daß häufig ein Bereich angegeben wird. Man sollte annehmen, daß die Süßkraft eine feststehende Größe sei, denn wir haben es ja mit definierten Molekülen zu tun. Aber wir haben es auch mit biologischen Rezeptoren in der Geschmacksknospe zu tun, und es ist leicht einzusehen, daß z. B. die

Tabelle 6. Relative Süßkraft von Zuckern, Zuckeralkoholen und Glycerin

Zucker	rel. Süßkraft	Zuckeralkohol	rel. Süßkraft
Saccharose	100	Sorbit	50
Glucose	55– 60	Mannit	40– 60
Fructose	80–145	Xylit	80–103
Sorbose	55– 65	Palatinit	28– 43
Galactose	40– 60	Glycerin	48
Maltose	35– 45		
Lactose	27– 39		
Raffinose	10– 20		

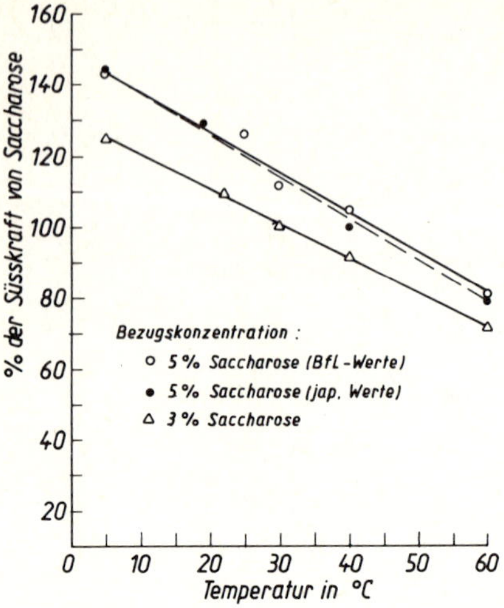

Abb. 20. Vergleich der Süßkraft von Fructose und Saccharose in Leitungswasser

Konzentration der auf den Rezeptor treffenden süßen Lösung einen Einfluß auf die Empfindung „süß“ hat. Auch die Temperatur der jeweiligen Lösung kann bei einzelnen Zuckern die Süßkraft beeinflussen. Man hat bei Saccharose praktisch keinen Temperatureinfluß, bei Sorbose, Glucose und Maltose nur einen äußerst geringfügigen, und bei Galaktose einen etwas stärkeren Temperatureinfluß gefunden. Bei Fructose fällt die Süßkraft von 145 bei +5 °C auf 80 bei 60 °C, eine sehr starke und wohl auch unerwünschte Änderung. Auch ein gewisser Einfluß der Zuckerkonzentration scheint vorzuliegen, wie aus Abb. 20 mit hervorgeht. Über die Ursache(n) für diese Phänomene weiß man wenig Sicheres.

Auch das Substrat kann für die Süßkraft von Bedeutung sein: Bei den Untersuchungen über die Temperaturabhängigkeit der Süßkraft von Fructose wurde geprüft, ob bei der *Süßung von Zitronensaft und Grapefruitsaft* dieselben Verhältnisse wie im Leitungswasser zu beobachten wären. Dies war keineswegs der Fall, wie Abb. 21 zeigt. Danach ist einerseits die Süßkraft im Zitronensaft insgesamt geringer als in Wasser, und der im Wasser beobachtete Rückgang mit steigender Temperatur ist praktisch nicht festzustellen. Bei Grapefruit-Saft war (zumindest bei den niedrigen Temperaturen) ähnliches zu beobachten. Die Erklärung für diese Phänomene dürfte sowohl im psychischen als auch im chemischen Bereich zu suchen sein: z. B. konnte eine temperatur-abhängige Hydrolyse von Saccharose im Zitronensaft beobachtet werden.

Zurück zu den Zusammenhängen zwischen chemischer Struktur und Süßkraft. Daß die Anzahl der OH-Gruppen keinesfalls allein die Süßkraft

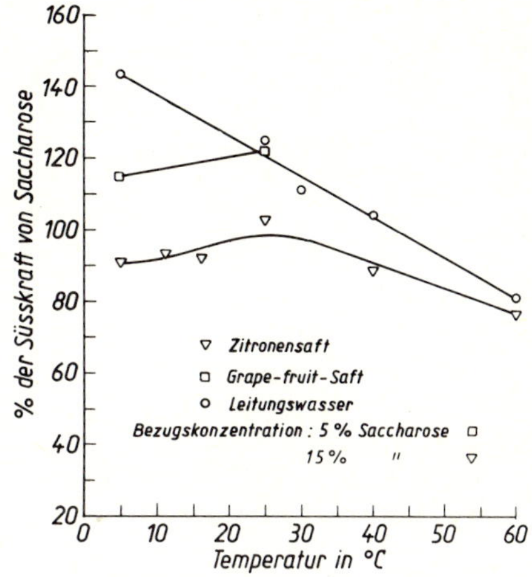

Abb. 21. Vergleich der Süßkraft von Fructose in Zitronensaft, Grape-fruit-Saft und Leitungswasser

bestimmt, wurde schon dargelegt. So wird durch Ersatz von OH-Gruppen in Zucker durch Chlor die Süßkraft stark erhöht: $4,1^{1}$, $6,6^{1}$-Tetrachlorsaccharose ist etwa 100 mal süßer, $1'$, $6,6'$-Trichlorsaccharose etwa 2000 mal süßer als Saccharose! Weiterhin gibt es eine Vielzahl von süß-schmeckenden Stoffen, die chemisch mit Zucker überhaupt nichts zu tun haben, und die ein Vielfaches der Süßkraft von Saccharose aufweisen können. Gemeint sind damit die sog. Süßstoffe, deren bekannteste Vertreter Saccharin und Cyclamat sind.

Mit dem *Begriff „Süßstoff“* ist nun ein neues Wort aufgetaucht. Daher zum besseren Verständnis hier eine Einschaltung: Man kennt viele süßschmeckende Stoffe, die in der Ernährung eingesetzt werden. Diese faßt man unter dem Oberbegriff *„Süßungsmittel“* zusammen, wobei man unterteilt in

1. die eigentlichen Zucker, also die Saccharide,
2. Zuckerersatzstoffe, die wieder unterteilt werden in
   - Zuckeraustauschstoffe, das sind Substanzen, die keine Zucker sind, aber im Körper unter Energiegewinnung verstoffwechselt werden, z. B. Zuckeralkohole,
   - künstliche Süßstoffe, wie Saccharin und Cyclamat, die vom Körper nicht zur Energiegewinnung herangezogen werden, die also „energiefrei“ sind.

Die Forschung über süßschmeckende Stoffe, die nicht zur Gruppe der Saccharide gehören, wurde u.a. dadurch sehr stark stimuliert, daß die Zuckerkrankheit, der *Diabetes mellitus,* als eine Krankheit erkannt wurde,

Abb. 22. Schema der „AH-B"-Theorie

die auf einer Störung im Saccharose- bzw. Glucose-Stoffwechsel beruht. Die Krankheit ist weit verbreitet, so daß bei der „Beliebtheit" des süßen Geschmackes die Suche nach süßen Stoffen, die auch der Diabetiker verträgt, wichtig wurde.

Wie findet man einen solchen Süßstoff? Durch Zufall! Dies gilt bis in neueste Zeit hinein, wie die Geschichte von der Entdeckung des neuerdings auch bei uns zugelassenen neuen Süßstoffes *Aspartam* beleuchtet: Im Jahre 1965 arbeitete James M. Schlatter in den USA an der Herstellung von Dipeptiden. Gerade hatte er wieder als Zwischenprodukt einen Dipeptidester aus Asparaginsäure und Phenylalanin synthetisiert und auf einem Papierchen gesammelt, als er versehentlich mit den Fingerspitzen das weiße Pulver berührte und – aus der ewigen Neugier des Chemikers heraus und im Bewußtsein, daß Dipeptide doch wohl kaum giftig sein könnten – mit der Zunge probiert, ob das Produkt nach irgendetwas schmecke. Es schmeckte sehr intensiv süß! Ähnlich dürfte wohl auch bei den anderen süßschmeckenden Stoffen die Entdeckung erfolgt sein, da man ja nicht wußte, welche Strukturmerkmale von der chemischen Seite her gesehen notwendig sind, um den Geschmackseindruck süß hervorzurufen.

Etwa 1965, als Schlatter das Aspartam entdeckte, ist man aber auch auf diesem Gebiet einen entscheidenden Schritt weitergekommen. Den wesentlichsten Beitrag hierzu hat Robert S. Shallenberger von der Cornell University getan, indem er die „AH-B-Theorie" entwickelte. Diese sagt, daß im süßschmeckenden Molekül eine Gruppe AH, die Protonen abgibt, und eine Gruppe B, die Protonen aufnimmt, existieren muß; die beiden Gruppen müssen in einem solchen Abstand zueinander sein, daß sie auf ein ähnliches System im Rezeptor mehr oder weniger genau „passen" (Abb. 22).

Die Wechselwirkung zwischen AH-B erfolgt über Wasserstoff-Brücken. Dieses System konnte schon einige Phänomene erklären, wie das Beispiel Glucose-Galactose (Abb. 23) zeigt.

„Ernennt" man in diesen beiden Zuckermolekülen je eine OH-Gruppe zur AH- und eine zur B-Gruppe, so stehen diese beiden bei der Glucose offensichtlich so günstig, daß sie mit der Geschmacksknospe reagieren können. Die in gleicher Weise dargestellte Form der Galactose weist aus, daß bei diesem Zucker die gleiche Gruppierung nicht im gleichen Abstand vorliegt und demzufolge die notwendige Wechselwirkung mit dem

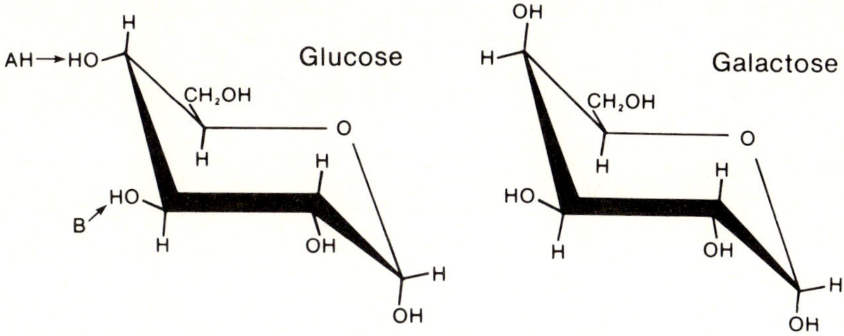

Abb. 23. Anwendung der „AH-B“-Theorie auf Glucose und Galaktose

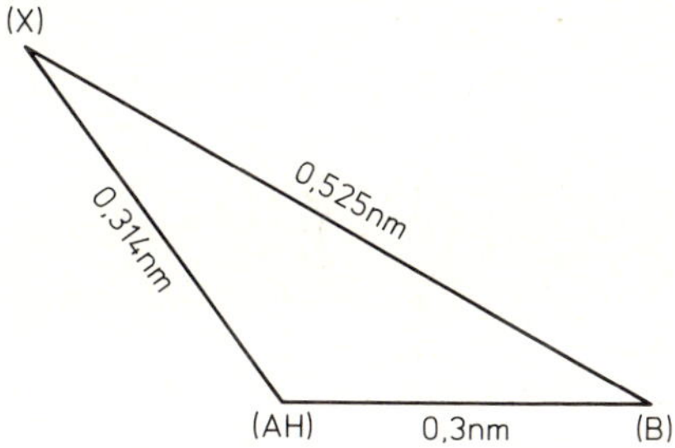

Abb. 24. AH-B-X-System

Rezeptor in der Geschmacksknospe nicht so glatt vor sich gehen kann. Dem entspricht auch die Süßkraft, denn Glucose schmeckt erheblich süßer als Galactose. Nehmen wir das Saccharin, so sehen wir, daß auch hier eine solche Donator/Akzeptor-Gruppierung vorliegt. Das Modell ist also auf die verschiedensten Stoffklassen anwendbar. Der Protonen-Donator AH muß aber offenbar nicht unbedingt eine Hydroxyl-Gruppe sein. Gelegentlich kann ein Stickstoff-, ja sogar ein Chlor- oder ein Kohlenstoff-Atom diese Aufgabe übernehmen.

Es war zu erwarten, daß diese außerordentlich einfache Theorie nicht alle Fälle von süßem Geschmack und insbes. nicht die jeweiligen Süßkraft-Unterschiede erklären konnte. Umfangreiche Untersuchungen brachten Hinweise auf die Notwendigkeit einer zusätzlichen hydrophoben Wechselwirkung mit einer in geeigneter Position befindlichen Gruppe X. Die erforderlichen Abstände im Molekül konnte man inzwischen feststellen, wie Abb. 24 zeigt.

Mit dieser Theorie kann man außerordentlich viele süßschmeckende Stoffe in Einklang bringen. Abb. 25 gibt hierfür einige Beispiele.

Shallenberger hat versucht, Substanzen zu konstruieren, die bisher noch nicht bekannt waren bzw. die noch nie darauf geprüft wurden, ob sie süß

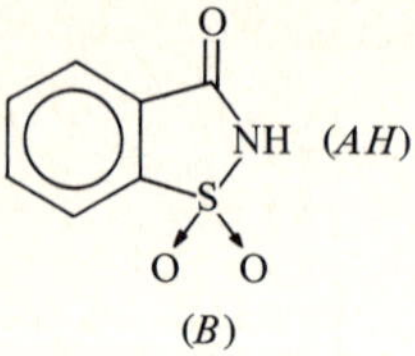

Saccharin

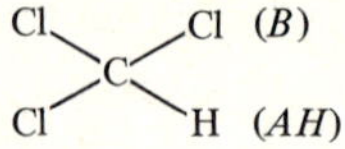

Chloroform

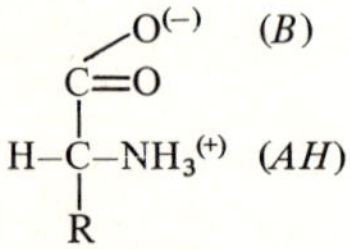

bestimmte Aminosäuren
(z.B. Alanin)

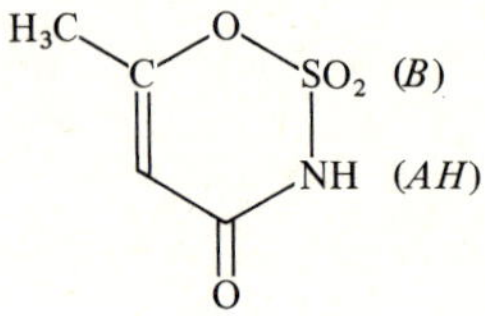

Acesulfam

Abb. 25. Strukturen süßschmeckender Stoffe mit „AH-B"-Gruppierung

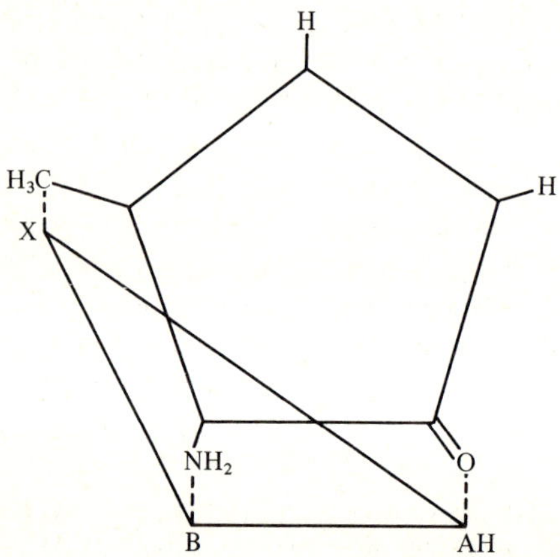

Abb. 26. Shallenberger's Cyclopentanon

schmecken. So hat er ein Cyclopentanon „konstruiert", das seiner Theorie nach süß schmecken mußte, er hat dieses Cyclopentanon synthetisiert und konnte befriedigt feststellen, daß es süß schmeckt. Die Formel ist mit den AH-, B- und X-Stellen in Abb. 26 wiedergegeben.

In der Natur gibt es neben den Zuckern eine Vielzahl von süßschmeckenden Stoffen mit den verschiedensten chemischen Strukturen. Ein Beispiel ist das *Monellin,* ein Protein mit einem Molekulargewicht von 11 500.

Es besteht aus zwei Peptidketten, die nicht kovalent miteinander verbunden sind. Die getrennten Ketten schmecken nicht süß; eine Rekombination führt aber langsam zu einer teilweisen Regeneration des süßen Geschmacks, wobei jedoch die Geschmacksintensität des nativen Proteins nicht wieder erreicht wird.

Ein weiterer lang bekannter „Süßstoff" ist das *Glycyrrhizin*, denn es ist das wirksame Prinzip der Süßholzwurzeln und ist in Lakritzen enthalten. Weitere natürliche (z. B. Steviosid, Osladin, Phyllodulcin und ähnliche) sowie künstliche Süßstoffe (z. B. Dulcin, Nitroaniline, Oxathiazinon-Dioxide, bestimmte Oxime) sollen nur noch erwähnt werden. Eine erst 1983 entdeckte Art von künstlichen Süßstoffen sind trihalogenierte Benzamide, z. B. das 2,4,6-Tribrom-3-carboxylethylbenzamid, das mit einer Erkennungsschwelle (s. Kap. 4) von 1 µmol/l Wasser zu den süßesten Stoffen zu rechnen ist.

Ein weiterer natürlicher süßer Stoff von Proteinnatur, nämlich das *Thaumatin* (bzw. die Thaumatine I und II) ist aus einem zusätzlichen Grund interessant. Die Thaumatine sind etwa 1600 mal süßer als Saccharose, haben ein Molekulargewicht von etwa 21 000, schmecken zuerst sehr zucker-ähnlich, weisen aber einen lakritz-ähnlichen Nachgeschmack auf. Spaltet man die Disulfid-Bindungen im Thaumatin, so verliert sich der süße Geschmack. Viele halten Thaumatin für geeignet, in großem Umfange als Süßstoff kommerziell verwendet zu werden. In Japan ist es behördlich zugelassen; es dient dort auch als Geschmacksverstärker für würzige Speisen. Dieses Thaumatin hat nun eine verblüffende Eigenschaft: Nur der Mensch und Tiere aus der Gruppe der Altweltaffen[1] empfinden den Stoff als süß!

Im übrigen ist die Reaktion verschiedener Tiere bzw. *Tierarten* auf Geschmacksreize ein faszinierendes und mit Überraschungen gespicktes Gebiet. So sagte M. R. Kare 1975 auf einem Symposium zum Thema „Süßstoffe: Gegebenheiten und Unsicherheiten", als er über das Monellin sprach:

> „Es ist hier viel über den Geschmackssinn der Tiere gesagt worden. Bei den von uns getesteten Tieren war Monellin nicht wirksam. Hühner sind keine Leckermäuler; sie haben sozusagen keine Antenne für süß. Katzen, Gürteltiere, einige Fische und „Cowbirds" (eine Starenart) reagieren nicht auf Zucker. Ebenso gehören Seelöwen und Wale zu dieser Kategorie. Aber es gibt auch viele Tierarten, die auf Zucker reagieren,

---

[1] Man unterscheidet bei der Systematik der Affen 2 große Unterabteilungen, nämlich die Altwelt- (Catarrhini) und die Neuweltaffen (Platyrrhini), wobei zu den ersteren die Menschenaffen, die Meerkatzen usw. gehören, zu den letzteren die in Südamerika lebenden Breitnasen-, Krallenaffen, Kapuzineräffchen

allerdings oft in sehr unterschiedlicher Weise. Hühner reagieren z.B. sehr abweisend auf Xylose, Kühe lieben diesen Zucker! Kühe zeigen keine Reaktion auf Maltose, welche der Lieblingszucker von Ratten ist; Opossums bevorzugen Lactose, während man bei Ratten hierauf keine Erregungen von Geschmacksnerven beobachten konnte. Man sollte meiner Meinung nach an diese Dinge denken, wenn man süße Verbindungen im Tierversuch auf Toxizität prüft; es scheint mir wichtig, daß alle zukünftigen Süßstoffe bei Toxizitätsprüfungen an Tiere in Konzentrationen verabreicht werden, die für die Tiere angenehm sind."

2.2.4.3 Geschmacksumwandler

Ein weiterer hier zu behandelnder außerordentlich interessanter Stoff ist – wie sein Name schon sagt – das *Miraculin*. Man könnte dies mit „Wunderstoff" übersetzen, denn im lateinischen heißt *miraculum* das Wunder; das Wort ist ja in der Form „Mirakel" ins Deutsche übernommen worden. Miraculin ist an sich eine altbekannte Substanz; zumindest die Wirkung der „Wunderbeeren" und das Aussehen wurden schon im Jahre 1852 von Daniell in einem Reisebericht beschrieben. Hieraus folgendes Zitat:

„Unter anderen bemerkenswerten Produkten aus dem Pflanzenreich des tropischen Afrika befindet sich eine Frucht, die aufgrund ihrer Eigenschaften berühmt geworden ist. Reisende und Händler aus Europa, die als erste den einzigartigen Einfluß dieser Frucht auf den Gaumen feststellten, waren ohne Zweifel sehr überrascht darüber, was ihnen als außergewöhnliche Kraft erschienen sein muß, daß nämlich für eine gewisse Zeit der Geschmack der meisten sauren Substanzen in eine köstliche Süße verwandelt wurde; deshalb gaben sie der Frucht einstimmig den Namen „Wunderbeere", den sie behalten hat und mit dem sie seitdem gekennzeichnet wird. Die Eingeborenen der Goldküste verwenden die Samen in erster Linie, um den Geschmack ihrer faden und säuerlichen „kankies" (wohl ein einheimisches Maisbrot, d. Verf.) zu verbessern und um sauren Palmwein durch Süßung genießbar zu machen. In Akkrah ist das deshalb besonders notwendig, weil nur wenige oder gar keine Palmen in seiner Umgebung gedeihen und weil deshalb der Wein aus einer beträchtlichen Entfernung herbeigeschafft werden muß. Während der Zeit, die für den Transport benötigt wird, setzt häufig eine Säuregärung ein; um diese Wirkung auszuschalten, wird die Anwendung dieser Beeren für unerläßlich gehalten. Darüber hinaus ißt man wohl die Beeren mehr wegen der Geschmacksempfindungen, die sie hervorrufen, als aus irgendeinem anderen besonderen Grund ..."

Der botanische Name der Mirakelfrucht ist *Synsepalum dulcificum;* es ist ein Busch oder Strauch mit kleinen roten Beeren. Nach Beidler wird es von Schwarzen verwendet, um ihr alt und sauer gewordenes Maisbrot sowie ihren sauren Palmwein und ihr saures Hirsebier genießbar zu machen. Zitronen, Limonen, Grapefruit und Rhabarber schmecken nach Anwendung der Beeren angenehm süß; dies gilt sogar für organische und verdünnte Mineralsäuren.

Es hat mehr als 100 Jahre gedauert (bis 1968), bis der wirksame Stoff, nämlich eben das Miraculin, isoliert und in seiner Struktur aufgeklärt werden konnte. *Miraculin* ist ein Glykoproteid mit einem Molekulargewicht von etwa 42000 bis 44000. Der Kohlenhydrat-Anteil soll aus L-Arabinose und D-Xylose, nach anderen Angaben aber aus Glucose, Ribose, Arabinose, Galactose und Rhamnose bestehen. Die Aktivität wird durch Kochen der Lösung zerstört, aber auch durch größere Mengen von organischen Lösungsmitteln bei Raumtemperatur. Bei pH 3,7 und 4 blieb die Aktivität für mindestens 1 Monat stabil. Oberhalb pH 12,0 und unterhalb pH 2,5 trat ein Nachlassen der Aktivität ein. Auch Verdauung mit Trypsin oder Pronase zerstörte die Aktivität. Das Protein Miraculin selbst ist geschmacklos. Eine Mischung des Proteins mit sauren Substanzen schmeckt zuerst sauer und der Geschmack geht langsam in süß über, wenn die Mischung für etwa 1 Minute im Mund behalten wird. Nebenbei gesagt: Miraculin wirkt nur beim Menschen und beim Affen, nicht aber bei Halbaffen!

Versuche, Miraculin kommerziell zu verwenden, was aussichtsreich erschien – es ist ein eigenartiges Gefühl, wenn man Essig trinkt, als Chemiker weiß, was man trinkt, und als Sensoriker genau weiß, wie es schmekken müßte, aber doch meint, man trinke Zuckerlösung –, sind von der FDA (Food and Drug Administration der USA) abrupt gestoppt worden. Miraculin wurde von der sog. GRAS-Liste (Generally Recognized as Safe, allgemein als „sicher" anzusehender Stoff) im September 1974 gestrichen.

Artischocken sollen einen ähnlichen Effekt wie Miraculin haben. Hierbei sollen die Calciumsalze der Mono- und Dicaffeyl-Chinasäure eine Rolle spielen. „Bisher sind aber kaum Untersuchungen zur Isolierung des Geschmacksumwandlers sowie hinsichtlich seines Einsatzes zum Süßen von Lebensmitteln bekannt geworden".

Monellin und Thaumatin unterdrücken auch den „Sauer"-Eindruck; sie sind aber im Gegensatz zu Miraculin selbst sehr stark süß. Insgesamt gilt für alle drei Stoffe, daß die native Tertiärkonformation für die Aktivität nötig ist. Bei der Ratte sollen die Stoffe nicht wirken.

So gibt es immer wieder verblüffende Aspekte im Zusammenhang mit dem Geschmack, und hier speziell mit dem Süßgeschmack. Interessant sind z.B. auch Extrakte aus *Gymnema silvestre,* die die sogenannte *Gymne-*

masäure enthalten. Sie können nämlich die Fähigkeit, süß zu schmecken, also die Fähigkeit zur Rezeption von süßem Geschmack, für einige Stunden löschen, wobei die Wahrnehmung anderer Geschmacksqualitäten unberührt bleibt; man schmeckt also noch sauer, salzig und bitter, aber nicht mehr süß! Dieser Effekt ist bei solchen Personen, die den Bitterstoff Phenylthiocarbamid schmecken, deutlich stärker als bei der gar nicht sehr seltenen Spezies von Mensch, bei der dieser Stoff keinerlei Geschmackseindruck hervorruft. Kaut man Blätter von indischem Tee und bringt dann normalen Kristallzucker in den Mund, so wird dieser als geschmacklos empfunden; er fühlt sich an wie Sand im Mund. Der süße Geschmack von Chloroform wird jedoch nicht beeinflußt. Andererseits können bestimmte Salze von Alkali- und Erdalkalimetallen sowie Aluminium- und Ammoniumsalze, in Konzentrationen, die unter der „Geschmackserkennungsschwelle" (s. Abschnitt 4.1) liegen, den Süß-Eindruck von Zuckern und auch von Xylit verstärken, wobei z. B. Kaliumsalze stärker als Ammoniumsalze wirken.

Das Süßgeschmacksempfinden wird auch von der *Farbe* der Proben beeinflußt. Bei Untersuchungen mit rot gefärbten Zuckerlösungen wurden von 80% der Versuchspersonen die intensiver gefärbten Proben als süßer befunden (Bereich 2 bis 10%) als weniger stark gefärbte Proben.

2.2.4.4 Geschmacksverstärker

Es gibt auch eine ganze Anzahl von Stoffen, welche – obwohl selbst kaum oder gar nicht geschmacksaktiv – die Geschmacksintensität anderer Stoffe erhöhen, ja sogar potenzieren können, die „Geschmacksverstärker" (lebensmittelrechtlich unter „geschmacksbeeinflussende Stoffe" eingereiht). Die zugelassenen Stoffe sind in Tabelle 7 angegeben.

Am bekanntesten ist hier die *Glutaminsäure* bzw. das *Glutamat;* damit ist das Mononatriumsalz der (+)-L-Glutaminsäure gemeint. Es ist sozusagen der älteste Vertreter; schon 1909 wurde das erste Patent für die Verwendung von Glutamat als Geschmacksverbesserer erteilt. Inzwischen weiß man, daß nur die vollkommen dissoziierte Form geschmacksaktiv ist. Die Intensität der Wirkung hängt also sehr stark vom pH-Wert ab, mit anderen Worten, nur im pH-Bereich von 5,0–8,0 hat die Glutaminsäure eine optimale Wirkung, denn hier sind 85–97% dissoziiert. Glutamat verstärkt besonders die Wirkung von Salz und von Gewürzen und wird bei Gemüseerzeugnissen, Fleischwaren, Suppen, Soßen, aber auch bei Fischen und Fertiggerichten aller Art vielfältig eingesetzt. In sauren Speisen ist es, wie erwähnt, inaktiv; Früchte, Fruchtsäfte, Süßwaren und einige Molkereiprodukte werden durch Glutamat-Zusatz eher nachteilig beeinflußt. Sehr

Tabelle 7. Geschmacksverstärker gemäß Zusatzstoffzulassungsverordnung vom 22. 12. 81, Anlage 2

Substanz	Lebensmittel	Mengen-begrenzungen	Formel
L-Glutamin-säure	für Lebensmittel	10 g/kg verzehrs-fertiges Erzeugnis	$HOOC{-}CH_2{-}CH_2{-}CH(NH_2){-}COOH$
Natrium-glutamat Kalium-glutamat	allgemein		bzw. entsprechend ionisierte „Salz"-Form
Dinatrium-5'-guanosin-mo-nophosphat (Guanylat, GMP)	für Lebensmittel allgemein	500 mg/kg verzehrs-fertiges Erzeugnis	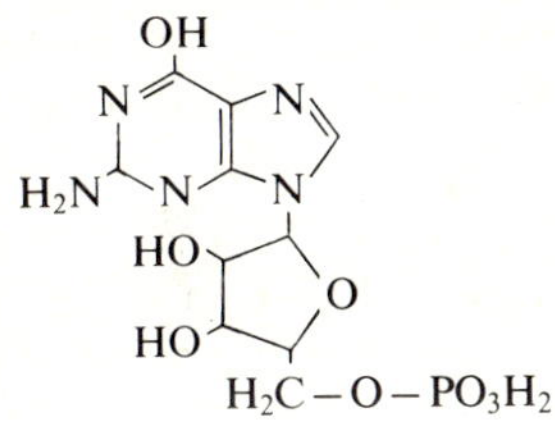
Dinatrium-5'-inosin-mono-phosphat (Inosinat, IMP)	für Lebensmittel allgemein	500 mg/kg verzehrs-fertiges Erzeugnis	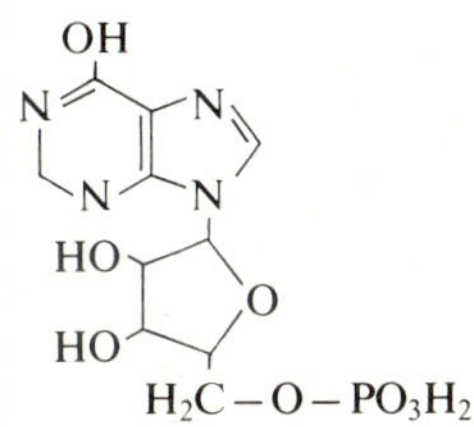
Maltol	für Lebensmittel allgemein, nicht Fleisch und Fleischprodukte, Milch und Milchprodukte, Eiprodukte, Speiseeis, Kaugummi, Trinkwasser	10 mg/kg verzehrs-fertiges Erzeugnis	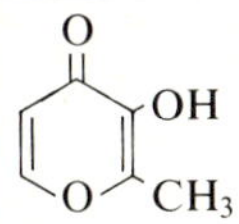
Ethylmaltol		50 mg/kg verzehrs-fertiges Erzeugnis	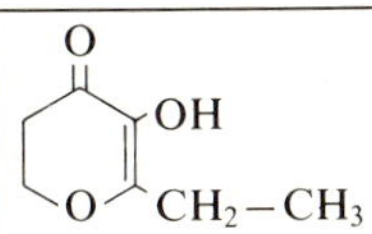

stark ist allerdings zu bezweifeln, daß durch Glutamat-Zusatz zur Nahrung die Intelligenz erhöht wird. Es gab Zeiten, in denen die Glutaminsäure von interessierter Seite als „Intelligenzsäure“ bezeichnet wurde, weil durch hohe Dosen dieses Stoffes eine Steigerung der geistigen Leistungsfähigkeit erzielt werden würde. Andererseits ist bekannt, daß es Personen mit Überempfindlichkeit gegen Glutamat gibt. Der Beweis ist das sogenannte „Chinarestaurant-Syndrom“, das vor einigen Jahren in den Schlagzeilen war, und wofür man die Glutaminsäure verantwortlich machte.

Sehr intensiv verstärken *Inosin-Monophosphat* (IMP) und *Guanosin-Monophosphat* (GMP) das artspezifische Aroma von Fleisch und Fleischprodukten. Die geschmacksfördernde Wirkung wird aber auch bei Fisch, Suppen und Soßen, sowie bei Gemüse spürbar. Keine Wirkung haben diese Stoffe in Getreideprodukten und Eierspeisen, Schokolade, Kaffee, Tee oder Früchten. Die Wirkung von Glutamat kann durch IMP auf das 10- bis 15-fache erhöht werden. 1:1-Mischungen von IMP und GMP verstärken „süß“ und „salzig“ nur geringfügig, während „bitter“ und „sauer“ sogar verringert werden.

Neuerdings wurde gefunden, daß L-*Cystein-hydrochlorid* bei Knoblauch und Zwiebelprodukten eine Geschmacksintensivierung um das 10- bis 40-fache bewirken kann. Weitere geschmacksverstärkende Aminosäuren sind die sog. *Tricholomasäure* und die *Ibotinsäure,* die in japanischen Pilzsorten vorkommen.

Maltol und *Ethylmaltol,* die beiden letzten Geschmacksverstärker der Tabelle 7, verstärken und runden bei süßen Nahrungsmitteln und Getränken den Süß-Eindruck ab, wobei Ethylmaltol eine 4- bis 6-mal intensivere Wirkung als Maltol hat. Diese Verstärkung des Süßgeschmacks z. B. von Saccharose würde es erlauben, durch Zusatz von 5 bis 75 mg Maltol bzw. Ethylmaltol bei Getränken etwa 15% der Gesamtzuckermenge einzusparen. Im übrigen kommt Maltol schon „natürlicherweise“ in erhitzten, kohlenhydrat-haltigen Nahrungs- und Genußmitteln vor, weil es nämlich unter Wärmeeinwirkung aus Zuckern, insbes. aus Maltose, gebildet werden kann. Man findet es z. B. in Backwaren, in Kakao, in Kaffee, in Karamel und in Malz, aber auch in Kondensmilch, Trockenmilch und Trockenstärke. Vom physiologischen Standpunkt aus sind Maltol und Ethylmaltol als unbedenklich befunden worden.

2.2.4.5 Scharfstoffe

Als eine letzte Gruppe von sensorisch sehr intensiv wirkenden Stoffen, die in die Systematik schwer einzuordnen sind, seien noch die „Scharfstoffe" genannt. Man hat viel darüber diskutiert, ob man eine Grundgeschmacksrichtung „scharf" postulieren soll (z.B. in Tabelle 5 ist diese Geschmacksempfindung genannt). Die meisten Sensoriker sind der Ansicht, daß es sich bei „scharf" nicht um eine Geschmacksrichtung, sondern vielmehr um eine Schmerzempfindung handelt. Man kann mit geringen Mengen von Scharfstoffen Geschmacksknospen bzw. Geschmackszellen zerstören!

Die Bedeutung der Scharfstoffe bzw. der Scharfstoffe enthaltenden Gewürze geht aus folgenden Zahlen hervor: Bei den Gewürzen haben Pfeffer 28%, Paprika 17% Anteil am Gesamtverbrauch, während es für Muskat nur 6% und für Zimt nur 4% sind. An Pfeffer wurden 1979 insgesamt 10000 t in die Bundesrepublik Deutschland eingeführt, was dokumentiert, welch große Mengen an Scharfstoffen verzehrt werden: Ihr Anteil in Pfeffer kann nämlich etwa 5% betragen! Als Beispiele für typische Scharfstoffe seien das *Capsaicin* bzw. die *Capsaicinoide* genannt, die u.a. charakteristisch für die Schärfe im Paprika sind. Bei Pfeffer sind es die sogenannten *Piperine*. Abb. 27 gibt die Strukturformel von Capsaicin wieder.

Bei den Capsaicinen ist die Seitenkette nach der NH-CO-Gruppe anders (z.B. Dihydrocapsaicin). Eine andere Gruppe von Scharfstoffen, die in Ingwer vorhanden sind, leiten sich vom sog. Gingerol ab.

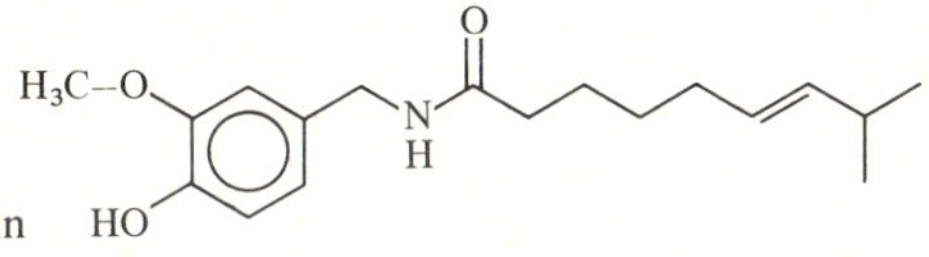

Abb. 27. Strukturformel von Capsaicin

3 Die sensorisch wirksamen Stoffe in Lebensmitteln

3.1 Einleitung

Nach der Beschreibung des „Werkzeuges“ der Sensorik, nämlich der menschlichen Sinne sowie von deren Funktion (also der Sinnesphysiologie), und der Zusammenhänge zwischen chemischer Struktur von sensorisch wirksamen Stoffen und den Sinneszellen (aufgezeigt am Beispiel der Grundgeschmacksrichtungen), soll nun besprochen werden, welche Stoffe in welchen Lebensmitteln für deren sensorische Eigenschaften verantwortlich sind. Dabei stehen die Aromastoffe, also die Substanzen, welche für Geruch und Geschmack verantwortlich sind, im Vordergrund. Damit ist natürlich nur ein Teil – wenn auch der wohl Wichtigste – der sensorischen Qualität erfaßt, denn auch Konsistenz, Farbe, Form und Aussehen sind wesentlich für die Lebensmittelqualität.

Die „Chemie der Konsistenz“ von Lebensmitteln soll hier nicht behandelt werden, weil über Zusammenhänge zwischen chemischer Zusammensetzung von konsistenzbedingenden Inhaltsstoffen (z. B. Gerüstsubstanzen bei Pflanzen, Zellwandstruktur usw.) und sensorisch erfaßter Konsistenz sehr wenig Gesichertes bekannt ist.

3.2 Farbe

„Die Farbe“ kann summarisch vorweg abgehandelt werden, obwohl ihre erhebliche Bedeutung für die sensorische Qualität eines Lebensmittels unbestritten ist, und in den meisten Fällen eine – relativ – objektive Messung vorgenommen werden kann.

3.2.1 Bedeutung

Die Farbe – und mit ihr das gesamte Äußere – eines Lebensmittels ist das erste, was man bei einer sensorischen Prüfung bemerkt. Sie hat nicht nur ästhetische, sondern durchaus auch ernährungsphysiologische Bedeutung: Beim Anblick eines farblich sehr ansprechenden Lebensmittels „läuft einem das Wasser im Munde zusammen“, mit anderen Worten, die Speichelproduktion wird angeregt, was für die Verdauung ein wichtiger Vorgang ist. Andererseits kann die Farbe auch abschreckend wirken. Die typische bräunliche Farbe verwesenden Fleisches zieht zwar den aasfressenden Geier an, stößt aber den Menschen ab. Farbnuancen sind in dieser Hinsicht – übrigens auch als Sprachnuancen – interessant: Grün als solches wird – außer vom Farbenblinden – wohl von allen Menschen als eine angenehme, positive Farbe empfunden. Wie kommt aber dann das Wort „giftgrün“ zustande?

3.2.1.1 „Künstliche“ Färbung, „gestern“ und heute

Ein weiterer Gesichtspunkt beleuchtet die Bedeutung der Lebensmittelfarbe sehr eindringlich: Schon immer wurden Lebensmittel durch Zusatz von Farbstoffen „künstlich“ gefärbt, nicht immer mit guter Absicht und auch nicht immer mit geeigneten Mitteln.

Schon Plinius d.Ä. erwähnt den Zusatz von Farbstoffen zu Wein; bereits 1396 wurde in Paris die Färbung von Butter verboten. Im Deutschen Reich wurde 1887 ein Gesetz erlassen, das sog. „Farbgesetz“, das aber lediglich verlangte, daß in den Farben keine schädlichen Mineralien vorkommen dürften. Trotzdem war dies gegenüber den vorher herrschenden Zuständen bereits ein Fortschritt, denn es waren Fälle beschrieben worden, in denen Zinnober, also Quecksilbersulfid, zur Färbung von Käse und von Karamellen verwendet worden war, während Mennige und Bleichromat in Zuckerwaren und in Käse als „Verschönerungsmittel“ dienten. Kupferarsenit war eine „beliebte“ grüne Lebensmittel-Farbe! Um die Jahrhundertwende fanden noch über 80 künstliche Farbstoffe in Lebensmitteln Verwendung. Ihre toxikologischen, karzinogenen oder teratogenen Eigenschaften waren völlig unbekannt, höchstens über die akute Toxizität wußte man einigermaßen Bescheid.

Es wird in heutiger Zeit so viel von „Gift in der Nahrung“ gesprochen; wenn man sich die genannten Befunde vor Augen hält, so kann man doch mit Fug und Recht feststellen, daß diesbezüglich die viel beschworene gute alte Zeit keinesfalls besser, sondern viel schlechter war. Dazu paßt auch der Bericht englischer Chronisten aus dem 19. Jahrhundert über eine Dame, die ihre Gewohnheit, beim Friseur grüne Gurken zu naschen, mit dem Leben bezahlte, weil die Gurken mit Kupfersulfat gefärbt waren. Noch „unvorsichtiger“ waren ein Londoner Wirt und sein Freund, ein Apotheker: Der Wirt hatte seinen Freund gebeten, ihm eine grüne Farbe für seinen Pudding zu liefern, der Apotheker sah im Regal nach, was grün ausschaute, und stieß auf Kupferarsenat, was zwei Gästen des Wirtes das Leben kostete. Passiert im Jahre 1860! Heute sind nur noch ganz wenige Farbstoffe zur Lebensmittelfärbung zugelassen, die Mengen sind begrenzt, und insbesondere dürfen nur ganz wenige Lebensmittel gefärbt werden. Der Nachweis einer unzulässigen Färbung ist relativ einfach.

3.2.2 Chemie der farbgebenden Stoffe in Lebensmitteln

3.2.2.1 Pflanzliche Produkte

Hier ist zuerst festzustellen, daß, von bestimmten flüssigen Lebensmitteln, wie Wasser, farblosen Schnäpsen (z. B. Wodka) oder Essig abgesehen, alle Lebensmittel farbig sind. Pflanzliche Lebensmittel sind farbenreicher als tierische, was leicht zu verstehen ist, denn die Pflanzen sollen ja doch in einem gewissen Umfang – entwicklungsgeschichtlich gesehen – den Tieren als Lebensgrundlage, als Nahrungsmittel dienen. Sind sie also, insbesondere die Früchte, deswegen häufig so auffällig gefärbt, damit sie von den Tieren besser gesehen werden?

Chemisch betrachtet kommen in der Natur als Lebensmittelfarbstoffe in der Hauptsache drei Gruppen vor: Es sind einmal

die *Anthocyane,* wasserlösliche Pigmente, deren Farbskala von gelb über rot und blau bis fast schwarz reicht, zum anderen

die *Carotinoide,* die den am weitesten verbreiteten Farbstoff der Natur bilden und in der Farbausprägung von gelb bis rot reichen.

Die dritte Gruppe sind die *Chlorophylle,* also der grüne Blattfarbstoff, der für die Assimilation verantwortlich ist.

Dazu kommen noch – mit mengenmäßig geringer Bedeutung – die sogenannten Betalaine, also Farbstoffe wie z. B. in der Roten Beete, das *Riboflavin,* also das Vitamin B_2, das für die gelbe Farbe von Molke verantwortlich ist, und einige *Melanine,* die u. a. bei der nichtenzymatischen Bräunung entstehen. Eher als „Kunstprodukt" ist *Karamel* einzustufen, das durch starkes Erhitzen von Zuckern entsteht. Die Grundformeln für Anthocyane, Carotine und Betalaine sind in Abb. 28 wiedergegeben.

Man kennt heute über 400 Carotinoid-Pigmente, also Carotin-Farben und unterscheidet zwischen den eigentlichen *Carotinen,* also Kohlenwasserstoffen, und *Xanthophyllen,* die sauerstoff-haltige Derivate der Carotine sind. Sie gehören zu den am höchsten ungesättigten Naturstoffen. Die im Mittelteil des Moleküls enthaltene Kette konjugierter Doppelbindungen ist für die Farbe verantwortlich, denn sie besitzt die Fähigkeit, sichtbares Licht zu absorbieren, ist ein „Chromophor". Der Farbton hängt von der Länge dieses Chromophors ab; sind es nur 7 konjugierte Doppelbindun-

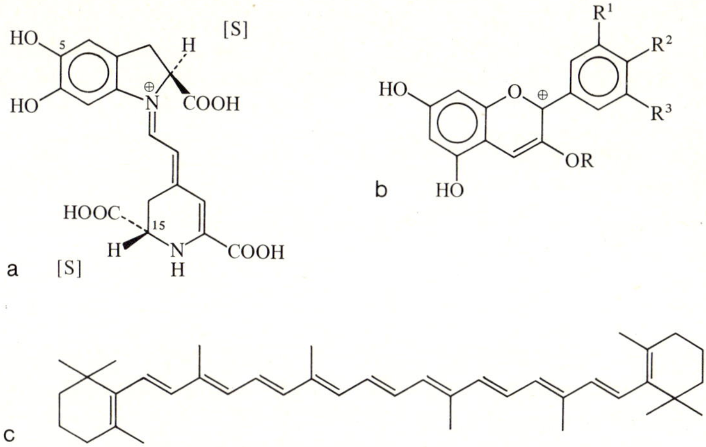

Abb. 28 a–c. Formeln der Aglykone von Betaninen (*a*) und Anthocyaninen (*b*) sowie des „Haupt"-Carotinoids *β*-Carotin (*c*)

gen, so resultiert ein Zitronengelb, während 11 konjugierte Doppelbindungen die rote Farbe der Tomate ergeben. Damit sind schon zwei Stichworte für Lebensmittel gefallen, bei denen Carotinoide eine Rolle spielen; man kann sagen, daß fast alle gelben bis roten Färbungen zumindest bei Obst auf Carotinoiden beruhen.

Es ist auffällig (– und auch interessant, sich dies einmal zu vergegenwärtigen –), was eigentlich bei der Reifung der Früchte „farblich" passiert. Alle Früchte sind ja in unreifem Zustand grün, zurückzuführen auf die in ihnen enthaltenen Chlorophylle. Diese grünen Früchte werden während des Reifeprozesses langsam – manchmal auch fast schlagartig – gelb oder rot oder, wie z. B. bei Brombeeren und schwarzen Johannisbeeren, auch schwarz. Es gibt aber auch Obst, das im reifen Zustand grün bleibt, wie „weiße" Trauben, bestimmte Birnen, Stachelbeeren, Avocados, Kiwi, einzelne Apfelsorten.

Was passiert bei der Farbänderung im Verlauf der *Reifung?* Nun, grundsätzlich werden zuerst die Chlorophylle mehr oder weniger abgebaut, sie werden ja jetzt nicht mehr zur Fotosynthese benötigt. Gleichzeitig setzt eine verstärkte Carotinoid-Biosynthese ein. Dies wird von einem anderen Prozeß bewirkt, nämlich von der Umwandlung von Chloroplasten in Chromoplasten, beides Bestandteile der pflanzlichen Zelle. In den Chloroplasten wird hauptsächlich Chlorophyll gebildet, neben geringen Mengen von Carotinoiden; die „Chlorophyll-Farbe" überwiegt. Bei der Reifung werden die Chloroplasten sozusagen „desorganisiert". Die dabei entstehenden Chromoplasten haben eine erhöhte biosynthetische Aktivi-

Tabelle 8. Gehalt an Gesamtcarotinoiden in einigen Früchten (Durchschnittswerte nach J. Gross, DFG-Berichte 1/83, S. 6–8)

Früchte	µg/g
Banane	0,8
Mandarine	14
Aprikose	35
Tomate	54
Rote Paprika	150

tät für Carotinoide (und keine für Chlorophyll). Die gebildeten Carotinoide werden übrigens in kleinen Fetttröpfchen gespeichert. Diese Synthese kann so umfangreich sein, daß infolge der relativ schlechten Löslichkeit der Carotinoide auch in Fetten sogar ein Auskristallisieren eintreten kann.

Die Zusammensetzung der die Früchte färbenden Carotinoide ist außerordentlich verschiedenartig. Das *Carotinoid-Muster* ist typisch für die jeweilige Art und Varietät, ja sogar typisch für das Reifestadium. So hat Bananenfruchtfleisch nur drei Hauptfarbstoffe, während bei der Zitrone 50 Carotinoide zusammenwirken sollen. Der Gesamtcarotinoid-Gehalt schwankt erheblich; einige Beispiele gibt Tabelle 8.

Dabei ist zu berücksichtigen, daß *die Schale* eine höhere biosynthetische Aktivität besitzt, also mehr Carotinoide bildet und schließlich enthält als das Fruchtfleisch. Die Biosynthese der Carotinoide ist übrigens nicht daran gebunden, daß die Frucht noch „am Baum hängt", sie ist also „autonom" und wird in der von der Pflanze getrennten Frucht fortgesetzt. Bananen werden grün geerntet, Tomaten dann, wenn die ersten roten Flecken auftauchen, der berühmte „Golden Delicious"-Apfel kommt grasgrün vom Baum. Bei letzterem wurden übrigens vielfältige Untersuchungen zu den Vorgängen bei der Farbveränderung gemacht. Dabei stellte sich heraus, daß man über die Verfolgung der Synthese eines Carotinoid-Farbstoffes, nämlich von *Violaxanthin,* den Reifeprozeß verfolgen kann, da die Violaxanthin-Bildung parallel zur Reife verläuft. Es wird daher vorgeschlagen, den Violaxanthin-Gehalt als Indikator zur Bestimmung des optimalen Erntezeitpunktes zu verwenden. Aber nicht bei allen Früchten nehmen die Carotinoide während der Reife zu. Erdbeeren und Stachelbeeren haben wenig Carotinoide (es herrschen die Anthocyane vor) und diese wenigen nehmen mit fortschreitender Reife sogar kontinuierlich ab. Ähnlich ist es bei der Melone: Der Farbumschlag von grün nach gelb während der Reife beruht auf dem Abbau der Chlorophylle; die bereits vorhandenen Carotine kommen dadurch sozusagen zur Geltung, nehmen aber insgesamt weiter ab.

Carotine sind aber nicht nur in Früchten „farbbestimmend". Auch in den Knollen der Kartoffel wird der Grad der „Gelbfleischigkeit" durch die vorhandene Menge an Carotinoiden bestimmt. Man hat fünf Arten gefunden; am wichtigsten ist Violaxanthin. Die Mengen schwanken zwischen 27 und 343 μg/100 Gramm.

Beim Chlorophyll muß man auch noch eine weitere Reaktion berücksichtigen, nämlich die Umwandlung der blau-grünen bzw. gelb-grünen Chlorophylle in die entsprechenden gelblich-braunen *Phäophytine*. Diese Reaktion ist z. B. zu einem erheblichen Teil dafür verantwortlich, daß beim Erhitzen von grünen Erbsen, grünen Bohnen, Grünkohl, Rosenkohl und auch von Spinat die bekannten Farbänderungen entreten, wobei kürzere Erhitzungszeiten und höhere Temperaturen eine bessere Farberhaltung gewährleisten als längere Zeiten und niedrigere Temperaturen.

Bemerkenswert erscheint, daß es praktisch keine rein blauen Lebensmittel gibt! Sogenannte blaue Trauben sind meist tief rot-violett, auch Zwetschgen kann man höchstens als blau-violett bezeichnen. Ein ganz reines Blau gibt es nicht! Ähnlich ist es mit Schwarz. Auch die Brombeere (Hauptfarbstoff Cyanidin-3-glucosid) ist nicht tiefschwarz, höchstens die schwarze Johannisbeere – oder die Tollkirsche – nähert sich diesem Begriff. Meist handelt es sich bei diesen Farben um Anthocyane, ebenso wie beim Rotkohl, der in Süddeutschland „Blaukraut" heißt und im unbehandelten „natürlichen" Kohlkopf eine blau-rote Färbung aufweist. Ob der Rotkohl mit Recht Blaukraut heißt bzw. umgekehrt, hängt im übrigen vom pH-Wert der Flüssigkeit ab, in der er gekocht wird bzw. mit der er angerichtet wird. Der Farbstoff dieser Kohlart hat Indikatoreigenschaften: Im Sauren ist er wirklich rot, im Neutralbereich tatsächlich Blau.

Zu solch „landsmannschaftlichen Unterschieden" eine Randbemerkung: Es gibt auch große Verschiedenheiten in der *Bewertung der Farbe* bestimmter Lebensmittel, also in der Frage, welche Farbe man als „gut" oder „schlecht" bezeichnet, in verschiedenen Ländern. Ein typisches Beispiel ist die *Butter*. Als die erste Neuseelandbutter auf den deutschen Markt kam, war diese schwer verkäuflich, weil sie aufgrund ihres natürlichen hohen Carotingehaltes stark gelb-orange gefärbt war, was beim deutschen Verbraucher sofort die Assoziation eines künstlichen Zusatzes von Farbe hervorrief. Das ist ein Umstand, der – nicht nur bei der Butter – vom Verbraucher meist negativ bewertet wird. Dies führte dazu, daß aus Neuseelandbutter, die für den Import in Deutschland bestimmt war, vor der Verschiffung ein Teil des Carotins herausgeholt wurde, um eine dem deutschen Geschmack entsprechende Farbe zu erhalten! Dabei ist Carotin als Provitamin A eine ernährungsphysiologisch äußerst wertvolle Substanz. Dieses Problem existiert heute natürlich nicht mehr, aber Unterschiede in der Farbbevorzugung zwischen verschiedenen Ländern können immer wieder beobachtet werden, selbst dann, wenn die Länder Nachbarländer sind. So zeigte sich bei einer gemeinsam mit einem niederländischen Institut durchgeführten Untersuchung über die Gefrierlagerung von grünen Bohnen, daß krasse Diskrepanzen über die wünschenswerte Farbe der Bohnen zwischen den Vertretern der beiden Länder bestanden. Die gelb-grüne Farbe der holländischen Bohnen wurde von der Prüfergruppe in Karlsruhe abgelehnt, während die niederländische Gruppe aus Wageningen fand, die dunkelgrüne Farbe der deutschen Bohnensorte sei nicht als sehr positiv zu beurteilen. Andererseits ist bekannt, daß die Amerikaner relativ „farbenfreudig" sind; sie bevorzugen z. B. bei Erbsen eine tiefgrüne Farbe und halfen – früher! – sogar künstlich nach. Auch Erdbeeren müssen in den USA eine kräftige tiefrote Farbe haben, während in Korea solche Erdbeeren unbeliebt sind.

3.2.2.2 Tierische Lebensmittel

Die Farbenvielfalt, welche pflanzliche Erzeugnisse auszeichnet bzw. auszeichnen kann, finden wir bei tierischen Lebensmitteln nicht. Diese Aussage mag im ersten Augenblick befremdlich klingen, denn man kennt ja z. B. bei Zierfischen eine Farbenpracht, die immer wieder verblüfft. Der rebhuhnfarbige Italiener ist gegenüber anderen Hühnerrassen doch sehr „farbig", der Goldfasan ist ein farbenprächtiges Tier, der stolze Pfau auch. Aber das, was vom Fasan und vom Huhn als Lebensmittel gilt, hat unabhängig vom Federkleid in etwa die gleiche Farbe ... Es ist also doch ein prinzipieller Unterschied, was die Farbe anbetrifft, zwischen pflanzlichen und tierischen Lebensmitteln: Die Farbe der pflanzlichen Lebensmittel stimuliert das Tier – und wohl auch den Menschen – zur Aufnahme der betreffenden Pflanze als Nahrungsmittel, die Färbung des Tieres dient dem Fortpflanzungstrieb.

Beschränkt man sich konsequent auf den Begriff „Lebensmittel", so zeigt sich, daß nur wenige Lebensmittel tierischer Herkunft eine intensive Farbe aufweisen. Dafür einige Beispiele: Je nach Fütterung kann das Eigelb aus dem Ei nur ganz blaß, aber auch relativ tiefgelb sein; man kann dies durch Zugabe von bestimmten Carotinoiden ins Futter steuern. Die Hauptfarbstoffe sind zwei *Xanthophylle,* nämlich Lutein = Dioxi-α-carotin und *Zeaxanthin* = Dioxi-β-carotin. Die Farbe ist also nicht direkt ein tierisches Stoffwechselprodukt; vielmehr werden im Futter vorgegebene Carotinoide z. T. direkt ins Ei „übernommen" z. T. geringfügigen Umwandlungen unterworfen.

Auch die gelbe Farbe von Butter und manchen *Käsen* beruht hauptsächlich auf dem Vorhandensein von Carotinoiden. Dagegen ist die gelb-grüne Farbe der *Molke* durch Riboflavin (Vitamin B_2) bedingt; dieser Stoff hieß deswegen (sozusagen nach dem „Ort der Entdeckung") früher Lactoflavin.

Das wohl interessanteste Beispiel eines Farbstoffes im Bereich der tierischen Lebensmittel ist das *Myoglobin,* der Stoff, der die Färbung von Muskelgewebe, also von Fleisch, bewirkt. Die Mengen sind beträchtlich, wenn man bedenkt, daß im Durchschnitt etwa 0,5–0,8 g Myoglobin in 100 g Fleisch vorhanden sind. Ein schönes kräftiges Porterhousesteak für zwei Personen, Gewicht 800 g, also 600–650 g reines Fleisch, enthält demnach immerhin rund 5 g von diesem Farbstoff. Nimmt man einen sogenannten „New York-Cut" von einem amerikanischen Pfund – was in den USA eine durchaus nicht ungewöhnliche Steakgröße ist –, so kommt der Esser auf gut 3 g Myoglobin.

Chemisch gesehen ist Myoglobin ein außerordentlich interessanter Farbstoff, liegt ihm doch dasselbe Grundgerüst zugrunde wie dem Chlorophyll und wie dem Blutfarbstoff *Hämoglobin,* nämlich die Porphyrin-Struktur. Mit dem Hämoglobin hat es sogar die eigentliche Farbstoffkomponente gemeinsam, nämlich das Eisen(II)-protoporphyrin, auch Häm genannt. Nur die Eiweißkomponente, das jeweilige Globin, ist verschieden. Auch Myoglobin hat die Fähigkeit zur reversiblen Bindung von Sauerstoff; es ist also wie das Hämoglobin ein Sauerstoff-Speicher, ja es besteht sogar ein Zusammenwirken: Bei niedrigem Sauerstoff-Druck kann Hämoglobin Sauerstoff an Myoglobin abgeben. Diese Sauerstoff-Übertragung ist pH-abhängig.

Die eigentliche Stelle der Sauerstoff-Speicherung ist das 2-wertige *Eisen,* das „Zentralatom" von Hämoglobin und Myoglobin. Interessant ist die Verteilung der hier gebundenen Eisenmenge: Im lebenden Tier sind nur etwa 10% des Eisens an Myoglobin gebunden, während es im gut ausgebluteten Rindermuskel 95% sind. Das bedeutet, daß das Myoglobin den entscheidenden Beitrag zur Fleischfarbe leistet; die restlichen Hämoglobin-Mengen sowie sonstige Pigmente wie Cytochrome sind hierfür unbedeutend.

Bei der chemischen Betrachtung der *Fleischfarbe* darf man allerdings nicht nur das reine Myoglobin (Mb), das eine purpurrote Farbe aufweist, berücksichtigen. Das Sauerstoff-Addukt Oximyoglobin (MbO_2), also die Form, in der der Sauerstoff gespeichert wird, ist leuchtend rot. Das Oxidationsprodukt Metmyoglobin (MMb^+), in dem das zentrale Eisenatom zur dreiwertigen Form oxidiert ist, weist eine braune Farbe auf. Die Farbe von frischem Fleisch wird durch das Mengenverhältnis dieser drei Stoffe bestimmt. Bei hohem Sauerstoff-Partialdruck überwiegt das stabile MbO_2, weswegen frisch geschnittenes Fleisch bis zu einer Tiefe von etwa 1 cm eine leuchtend kirschrote Farbe hat. Bei geringem Sauerstoff-Druck erfolgt

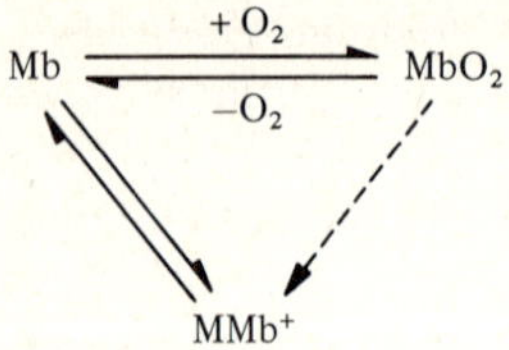

Abb. 29. Gleichgewichte zwischen Myoglobinen

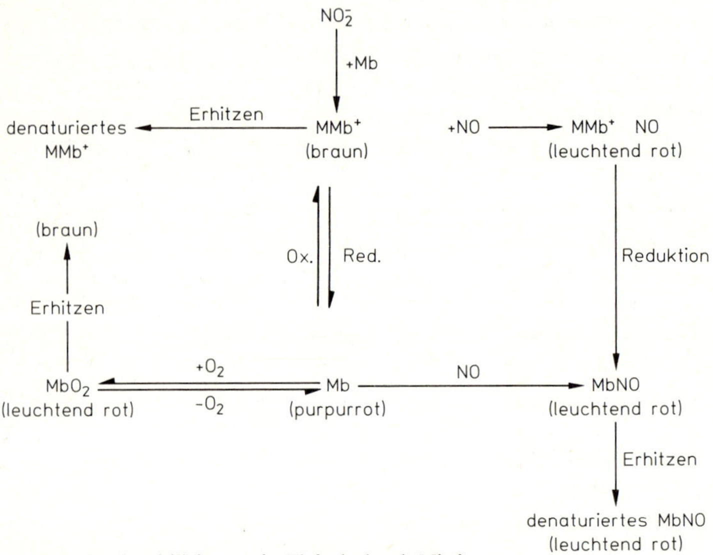

Abb. 30. Farbstabilisierung in Fleisch durch Nitrit

eine langsame kontinuierliche Oxydation zu MMb^+; dieser Übergang von Eisen(II) zu Eisen(III) führt zu einem Farbumschlag von rot nach braun. MMb^+ kann keinen Sauerstoff speichern. Abb. 29 gibt schematisch die eben beschriebenen Gleichgewichte wieder.

Frisches Fleisch enthält ein System, das MMb^+ wieder zu Mb reduzieren kann. Diese Reduktionskapazität ist aber nicht sehr groß, was eine durchaus praktische Bedeutung hat: Wird Fleisch in sauerstoff-durchlässigem Material verpackt, so erschöpft sich die Reduktionskapazität relativ bald und das braune MMb^+ bestimmt immer mehr den Farbeindruck. Verpackt man dagegen in einem sauerstoff-undurchlässigen Material, so liegt fast der gesamte Farbstoff als unverändertes Mb vor, das beim Öffnen der Packung und damit dem freien Zutritt von Sauerstoff in leuchtend rotes MbO übergeht. Bei längerem Sauerstoff-Zutritt enden aber letztenendes alle Wege beim braunen Farbstoff MMb^+. Der Vorgang wird, wie jeder Hausfrau bekannt ist, durch Hitze sehr stark beschleunigt. Man kann in einem auf englische Art gebratenen Steak die ganzen Farbvariationen von braun bis rot deutlich sehen. Im Prinzip derselbe Vorgang bezüglich der Farbe ist es, wenn man rohes Fleisch an der Luft zu lange liegen läßt und es dabei verdirbt.

Wie kommt es aber nun, daß man z. B. in *gepökeltem Fleisch* eine rote Farbe sehr lang erhalten kann? Wieso bleibt in Rauchfleisch diese kräftige rote Farbe stabil? Die Farbstabilisierung ist ein Effekt des beim Pökeln verwendeten Nitrats bzw. Nitrits. *Nitrit* oxydiert das Myoglobin zum Metmyoglobin unter Entstehung von Stickoxid NO; dieses gibt mit Mb und MMb^+ sehr stabile Komplexe (Nitrosomyoglobin MbNO), die beide eine leuchtende rote Farbe aufweisen. Man spricht von der „Umrötung" des Fleisches. Diese Komplexe verändern ihre Farbe auch beim Erhitzen nicht; die Hitzedenaturierung des Eiweißanteils am Nitrosomyoglobin ändert den Farbeindruck nicht. Schematisch sind diese Vorgänge in Abb. 30 wiedergegeben.

Allerdings wird *der Krebs* nicht aufgrund dieser Vorgänge rot, wenn man ihn in kochendes Wasser wirft: Hier liegt es daran, daß der ursprüngliche Farbstoff ein Komplex eines Carotinoids, nämlich von Astaxanthin, mit Eiweiß ist. Dieser Komplex wird in kochendem Wasser gespalten, das freigesetzte Astaxanthin ist rot! So verschiedenartig können die chemischen Grundlagen für ähnliche Farbänderungen in der Natur sein.

3.3 Geruch, Geschmack, Aroma, Flavour von Lebensmitteln

3.3.1 Grundsätzliches

Die Überschrift zu diesem Kapitel demonstriert, daß es nicht ganz einfache Verhältnisse sind, welche mit Geruch und Geschmack von Lebensmitteln zusammenhängen. Man kann zwar sensorisch (siehe Kapitel 1) wohl bei den Grundgeschmacksrichtungen eindeutige Aussagen im Hinblick auf den jeweiligen, echten, reinen Geschmack von Testlösungen machen. Prüft man aber ein Lebensmittel, so lassen sich Geschmack und Geruch nicht vollständig trennen und auch diese beiden Sinneseindrücke, die man häufig mit dem Wort *„Aroma"* zusammenfaßt, sind auch gemeinsam noch von sog. haptischen Eindrücken überlagert. Diesen Gesamteindruck bezeichnet man mit dem englischen Wort *„Flavour"*, ein Wort, das leider unübersetzbar ist.

Die Definition, wie sie der Normenausschuß „Sensorik" im DIN gefunden hat, lautet: *„Flavour"* umfaßt die Gesamtheit der Sinneseindrücke, die vom olfaktorischen[1] und gustatorischen[2] Organ sowie haptisch mit Zunge, Mundhöhle und Rachen empfangen werden" (Erläuterungen siehe Kapitel 4).

Es herrscht eine ziemliche Sprachverwirrung in diesem Bereich. Der Normenausschuß sagt klar, daß man unter Aroma das Zusammenwirken von Geruch und Geschmack bzw. von Geruchs- und Geschmacksstoffen verstehen sollte. Andererseits werden in vielen Lehrbüchern – auch neuesten Datums – die Begriffe „Geruchsstoffe" und „Aromastoffe" synonym, also gleichbedeutend, gebracht, wobei dann kurz nach dieser Definition wieder vom Aroma von Bier, von Fleisch, von Kakao gesprochen wird, und zwar im Sinne der Definition des Normenausschusses. Man muß sich also, wenn man in der Literatur etwas über Aroma und Aromastoffe liest, stets überlegen, was der Autor an der jeweiligen Stelle mit dem Begriff „Aroma" gemeint hat. Nur eine Gruppe denkt bei dem Begriff „Aroma" nämlich tatsächlich nur an Geruchsstoffe, und das sind die Parfümeure!

Beim Lebensmittel muß man sich also fast immer mit einer Misch-Definition auseinandersetzen. Man kann aber trotzdem die Lebensmittel im Hinblick auf ihr Aroma grundsätzlich in vier Gruppen einteilen:

1. Lebensmittelgruppe: Eine ganz bestimmte Verbindung prägt entscheidend das Aroma. Daneben können noch in großer Zahl andere Aromastoffe vorliegen; diese tragen aber nur zur Abrundung des Aromas bei. Man nennt einen solchen charakteristischen Stoff eine *„Character Impact Compound"*.
2. Lebensmittelgruppe: Wenige Verbindungen, die etwa „gleichwertig" sind, von denen aber durchaus eine besonders wichtig sein kann, bewirken das typische Aroma.
3. Lebensmittelgruppe: Man kann keine „Character Impact Compound" herausfinden; das Aroma kann nur mit einer größeren Zahl von Verbindungen annähernd simuliert werden.
4. Lebensmittelgruppe: Hierbei handelt es sich um Produkte, bei denen es zumindest bisher noch nicht gelungen ist, auch mit einer großen Zahl von Verbindungen das Aroma befriedigend zu reproduzieren.

Diese Einteilung ist aufgrund ihrer Herkunft aus der Parfümerie in erheblichem Umfange auf flüchtige Aromastoffe abgestimmt, also auf Stoffe, die mit dem Geruchssinn erfaßt werden, die aber auch geschmacklich aktiv sein können. Allerdings sind nur in relativ wenigen Fällen genauere Untersuchungen über die Geschmackseigenschaften von flüchtigen „Aromastoffen", also von Geruchsstoffen, durchgeführt worden; sie dürften

[1] Geruchsorgan, Gesamtbereich der Geruchszellen
[2] Gesamtheit der Geschmackszellen, s. Seite 22

auch relativ schwierig sein. Will man jedoch der Definition des Normenausschusses für Aroma gerecht werden, so müssen immer auch die nichtflüchtigen, geschmacksaktiven Stoffe, wie Zucker und Säuren, mit berücksichtigt werden. Das Aroma eines Apfels oder das Aroma von Bier kann man nicht nur den „Aromastoffen“, die man riecht, zuordnen; beim Apfel spielen das Zucker-Säure-Verhältnis (Zucker ist nun einmal geruchlos!) und beim Bier die bitter schmeckenden Stoffe aus dem Hopfen eine wohl wichtigere Rolle. Es soll im Nachfolgenden versucht werden, stets beiden „Aromabegriffen“ gerecht zu werden; nicht immer wird es möglich sein.

Noch weiter kompliziert werden die Dinge durch die Tatsache, daß bestimmte Geruchsstoffe Komplexe mit Lebensmittelinhaltsstoffen, insbesondere mit Stärke, bilden können, die relativ stabil sind, mit anderen Worten, dic Aroma-(Geruchs)-Wirkung ist viel geringer als bei Lösungen desselben Stoffes in Wasser. Man kann so direkt Aromastoffe „konservieren“, indem man mit Stärke *Einschlußverbindungen* herstellt, die mehrere Monate lang selbst bei 45 °C unter Luftsauerstoff stabil bleiben, d.h. es tritt keine Verflüchtigung und oxidative Veränderung ein. Erfolgreich wurde dies z.B. mit Decanal, Menthon und Limonen, eingeschlossen in Kartoffelstärke, durchgeführt. Nahm man als „Einschließungssubstanz“ jedoch Gummi arabicum, so verflüchtigten sich die daran adsorbierten Aromen rasch.

Solche und andere Vorgänge sind dafür verantwortlich, daß die Geruchsschwellen (Definition in Kap. 4) von Aromastoffen in Wasser und in Lebensmitteln extrem verschieden sein können (Tabelle 9).

Es gibt eine ungeheure Vielzahl von Aromastoffen, die aus den verschiedenartigsten chemischen Substanzklassen kommen können. An dieser Stelle soll eine nur ganz summarische Aufzählung ein Bild von der Vielfalt geben: Aromastoffe können Carbonyl-Verbindungen, Pyranone, Furane, Lactone, Thiole, Thiophene, Thiazole, Oxazole, Pyrrole, Pyrazine, Phenole, Alkohole, Ester, Terpene (acyclische, bicyclische, Sesquiterpene) sein, um nur die Hauptgruppen zu nennen. Eine (sehr stark vereinfachte) Zusammenstellung bzgl. geschmacksaktiver Stoffgruppen in Lebensmit-

Tabelle 9. Vergleich der Geruchsschwellen von Aromastoffen in Wasser und in Weißbrot (Faktor, um den der Schwellenwert in Weißbrot höher liegt als in Wasser) (nach Belitz u. Grosch)

Verbindung	Faktor	Verbindung	Faktor
Diacetyl	2500	Ethylmaltol	750
Maltol	1300	Vanillin	375
Ethanol	1200	3-Methylbutanol	26

Tabelle 10. Zusammenstellung einiger wichtiger geschmacksaktiver Substanzen von einzelnen Lebensmittelgruppen (nach Boudreau)

Verbindungsgruppe	Fleisch	Gemüse	Obst	Wurzeln	Samen
Anorganische Ionen	××	×	×	×	×
Aminosäuren	×××	××	×	××	××
Peptide und Proteine	×××	××		×	××
Histidin-Dipeptide	×××				
Nucleotide	×××	×		××	××
Amine	××	×			
Zucker			×××	××	××
Einfache Phenole		××	××		×
Hydroxylverbindungen		×	××		
Polyphenole		××	××		×
Carbonylverbindungen		××	×××		×
Ester			××		
Schwefelverbindungen	×××	××			×
Säuren		××	×××		
Furane		××	××	×	×
Lactone		××	×××		
N; S-Heterocyclen	×	×××	×		×

× = weniger bedeutend für den Geschmack
×× = ziemlich wichtig für den Geschmack
××× = sehr wichtig für den Geschmack
} sehr grobe, verallgemeinerte Einteilung!

telgruppen haben Boudrau und Mitarbeiter vor kurzem gegeben (s. Tabelle 10).

Dies sind natürlich nur sehr summarische Angaben; sie zeigen aber doch die Vielfalt einerseits und die „Gemeinsamkeiten" andererseits.

Vom juristischen Standpunkt aus wird meist eine völlig andere Gruppeneinteilung gewählt:

1. *Natürliche Aromastoffe:* Solche Aromastoffe werden ausschließlich durch physikalische Verfahren aus pflanzlichen und tierischen Rohstoffen, die sich in ihrem natürlichen Zustand befinden, „herausgeholt". Beispiel: Menthol wird aus Pfefferminzöl durch Kristallisation abgeschieden.
2. *Naturidentische Aromastoffe:* Diese werden durch chemische Verfahren (Synthese) gewonnen, sind den in bestimmten natürlichen Produkten vorkommenden Stoffen chemisch jedoch absolut gleich.
3. *Künstliche Aromastoffe:* Dabei handelt es sich um Stoffe, die in Naturprodukten (noch) nicht nachgewiesen werden konnten. Ein typisches Beispiel ist das Ethylvanillin, das typisch vanille-artige Aromaeigenschaften hat, aber in der Natur bisher noch nicht gefunden wurde.

Wie isoliert man nun die Aromastoffe, die infolge ihrer Zugehörigkeit zu den verschiedensten Verbindungsklassen auch sehr verschiedene Eigenschaften haben? Gemeinsam ist diesen Stoffen, daß sie in vielen organischen Lösungsmitteln löslich sind. Daher ist die Extraktion z.B. mit Pentan und ähnlichen hydrophoben Lösungsmitteln[1] die Methode der Wahl. Aber auch die Extraktion mit inerten Gasen (z.B. mit Stickstoff), die längere Zeit über oder durch die Probe und dann durch ein Röhrchen mit Adsorptionsmitteln (z.B. Tenax oder Poropak) geleitet werden, wird häufig angewendet. Jedes Verfahren hat Vor- und Nachteile. Das jeweilig angewandte organische Lösungsmittel hat verschiedenes Lösungsvermögen für die verschiedenen Aromastoffe, die Adsorptionsmittel haben verschieden starke Adsorptionsfähigkeit für die verschiedenen Verbindungen, so daß man bei all diesen Methoden nie die Garantie hat, nun im Extrakt die gleichen Verhältnisse vorzufinden, wie sie im Lebensmittel vorliegen. Es gibt eine Ausnahme: Wenn man das über dem jeweiligen Lebensmittel befindliche Gas direkt nach Gleichgewichtseinstellung in einen Gaschromatographen gibt, so hat man die tatsächlichen Verhältnisse in Bezug auf die flüchtigen Stoffe, also auf die Stoffe, die man beim Riechen erfaßt, wirklichkeitsgetreu vor sich. Gibt man aliquote Teile des sog. „Kopfraumes" (des Raumes über dem Lebensmittel) direkt in einen Gaschromatographen, so kann man an sich den sozusagen „reinen" Geruch erfassen. Man nennt dies die gaschromatographische *Headspace-Analyse*. Aber auch diese theoretisch so schön aussehende Methode hat ihre gravierenden Schwierigkeiten. Die Mengen an geruchsaktiven Stoffen sind meist so gering, daß eine direkte Headspace-Analyse gar nicht möglich ist, weil einfach der gaschromatographische Detektor keine ausreichende Empfindlichkeit hat: Die menschliche Nase ist, wie bereits ausgeführt, sehr empfindlich, ja sie ist für die meisten Stoffe viel empfindlicher als der beste gaschromatographische Detektor! Ohne Anreicherung kommt man also nicht aus, was die Genauigkeit der Analyse nicht verbessert. Man kann aber auch *die Nase direkt als Detektor* einsetzen, indem man den Gasstrom vor Eintritt in den Detektor splittet und ins Freie leitet und dann ganz einfach schnüffelt, wenn im Detektor ein Peak angezeigt wird. Der Vergleich der Anzeige des Detektors mit dem „Schnüffeldetektor" zeigt dann, ob und wie die gaschromatographisch getrennte Substanz zum Aroma bzw. richtiger gesagt zum Geruch beiträgt. Ähnlich kann man mit Extrakten vorgehen und so die Character Impact Compounds charakterisieren. Das geht aber nur dann problemlos, wenn die gaschromatographische Trennung „gut" ist.

---

[1] Es muß nach Möglichkeit ein mit Wasser nicht mischbares Lösungsmittel sein, da Lebensmittel immer viel Wasser enthalten

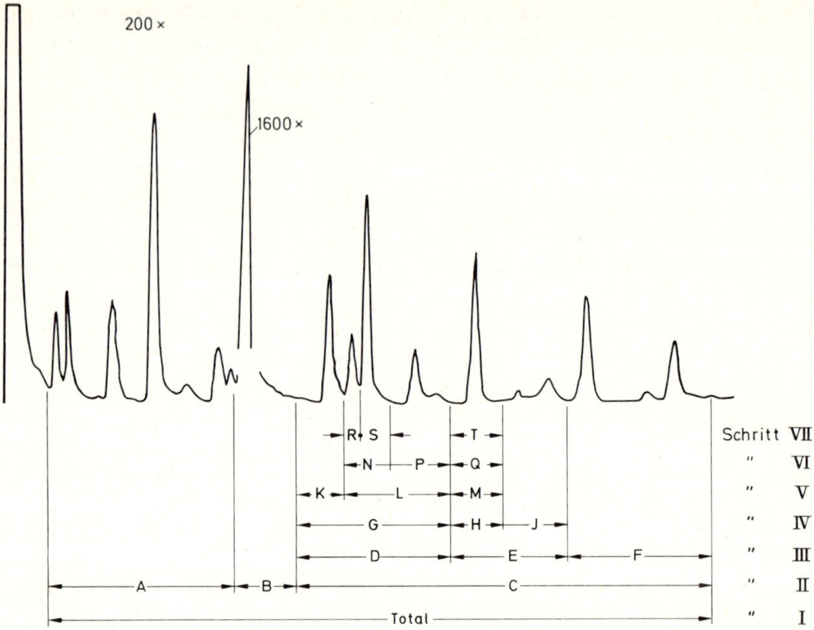

Abb. 31. Fraktionierung der flüchtigen Bestandteile von Heidelbeeren (aus: Belitz H-D, Grosch W (1982) Lehrbuch der Lebensmittelchemie. Springer, Berlin Heidelberg New York)

Die flüchtigen Substanzen haben aber im Rahmen ihrer Löslichkeit im Lebensmittel bzw. ihrer Wasserlöslichkeit auch *Geschmackswirkung*. Sie tragen also auch von dieser Seite aus zum Aroma bei.

Wie man solche Fragen wissenschaftlich erarbeiten kann, soll die Ermittlung der geschmacklichen Character Impact Compounds von Heidelbeeren durch Parliment und Scarpellino (1977) beispielhaft demonstrieren. Bei der untersuchten Heidelbeere handelt es sich um eine amerikanische Hochbusch-Kulturheidelbeere *(Vaccinium corymbosum L.)*, der man einen guten bis ausgezeichneten Geschmack nachsagt. Die Autoren gewannen zuerst durch Vakuumdestillation eines Heidelbeerbreis, Aussalzen des Destillates mit Kochsalz und anschließendes Extrahieren mit Ether nach Abdampfen des Ethers ein Konzentrat, das sie gaschromatographierten. Der Trägergasstrom wurde vor dem gaschromatographischen Detektor gesplittet. Der größere Teil des Effluates wurde durch eine Lösung von 9 g Zukker und 0,2 g Zitronensäure in 100 ml Leitungswasser – um zumindest ähnliche Verhältnisse wie in der Frucht zu schaffen (Definition Aroma gemäß Normenausschuß) – geleitet. Geschmackstests zeigten, daß diese Mischung noch einigermaßen nach Heidelbeeren schmeckte. Dann wurden in gleicher Weise Fraktionen aus dem Gaschromatogramm, wie in Abb. 31 dargestellt, ebenfalls in dieser „Getränkebasis“ aufgefangen und geschmeckt.

Die einzelnen Fraktionen wurden auch miteinander kombiniert und jeweils das entsprechende Geschmacksprofil (Profilanalyse s. Kapitel 4) ermittelt. Das Ergebnis gibt Tabelle 11 wieder.

Daraus geht hervor, daß längst nicht in allen Fraktionen ein Geschmack mit Heidelbeercharakter vorkam. Schritt III zeigt, daß der gewünschte Geschmack nicht in einer Fraktion allein vorkommt, sondern nur in Kombinationen von Fraktionen, die D und E enthielten. Schritt IV demonstriert die wichtige Funktion von Komponente H für den Heidelbeergeschmack; sie kann aber nicht allein verantwortlich gemacht werden. Aus Schritt VI ist die geringe Bedeutung von Peak P zu entnehmen, wichtig sind dagegen die beiden Peaks in N. Der letzte Schritt VII beweist, daß der Heidelbeercharakter durch eine Kombination der Peaks aus den Fraktionen R und T bzw. S und T hervorgeht. Massenspektrometrische Untersuchungen bewiesen dann die Identität von Peak R, S und T mit 3-cis-Hexenol, 2-trans-Hexenol und Linalool. Am wichtigsten sind dabei Linalool und 3-cis-Hexenol, die in geeigneter Konzentration zusammengemischt den charakteristischen Geschmack von Heidelbeeren aufweisen. Natürlich ist dieser Geschmack, nur bestehend aus diesen beiden Substanzen, nicht ein schöner, abgerundeter Heidelbeergeschmack, aber die Mischung hat den Charakter des Heidelbeergeschmacks! Nebenbei gesagt, ist dies gar nicht sehr verwunderlich, denn man weiß schon seit 1969, daß Linalool bei der Nachahmung von Heidelbeergeschmack verwendet werden kann.

Dieses Beispiel sollte zeigen, welche Schwierigkeiten einerseits bei der Bestimmung von Character Impact Compounds erst einmal überwunden werden wollen, bis man diese Verbindungen gefunden hat. Es zeigt andererseits, daß durch systematische Untersuchungen doch Licht in diese komplizierten Verhältnisse gebracht werden kann. Natürlich ist es nur ein Beispiel für eine anwendbare Methode, die aber das Problem wohl illustriert.

Bei der Bedeutung, die Aromastoffe für die „Beliebheit“ bzw. „Nichtbeliebtheit“ eines Lebensmittels beim Verbraucher haben (s. Einleitung S. 1), ist es dringend geboten, daß für die Anwendung von Aromastoffen bei der Lebensmittelherstellung umfangreiche gesetzliche Vorschriften bestehen. Diese Rechtsvorschriften müssen den Verbraucher vor gesundheitlichen Schäden schützen. Es darf kein Aromastoff einem Lebensmittel zugesetzt werden, der gesundheitlich bedenklich ist. Diese Maxime ist unabdingbar. Fast genauso wichtig ist, daß der Verbraucher durch zugesetzte Aroma-

Tabelle 11. Aroma-„Charakter" von gaschromatographisch getrennten Fraktionen aus Heidelbeer-Extrakten (s. Abb. 31)

Schritt	Fraktion	Aroma-Charakter	„Heidelbeer"-Aroma
I	„Gesamt"	Sehr scharf, Apfel, grüne Heidelbeere	+
II	A	Apfel, grün, fruchtig	–
	B	Grün, Apfel, scharf	–
	C	Schwach nach Heidelbeeren, grün, brenzlig	+
	A+B	Apfel, grüne Blätter	–
	A+C	Fruchtig, esterartig, nach Heidelbeeren	+
	B+C	Streng grün, fruchtig, schwach nach Heidelbeeren	+
III	D	Scharf grün, grüne Blätter, schwach nach Gemüse	–
	E	Parfümig, nach Zitrusfrüchten, Zitrone	–
	F	Seifig, beißend, oxidiert	–
	D+E	Guter Heidelbeerencharakter (!)	+
	D+F	Grün, beißend, seifig, verbrannt	–
	E+F	Scharf, grün, fruchtig	–
IV	G	Angenehm frisch-grün, Blattalkohol-ähnlich	–
	H	Nach Zitrusfrüchten, Aldehydig, grün	–
	J	Nach Gurken, nach Gemüse	–
	G+H	Nach Heidelbeeren, Zitrusfrüchten, Beeren	+
	G+J	Nach grünem Gemüse	–
	H+J	Nach Zitrone, grün, nach Apfel, nach Gemüse	–
V	K	Nach grünem Apfel, fruchtig	–
	L	Angenehm frisch-grün, scharf grün	–
	M	Zitrusartig, „Teil" von Heidelbeere	?
	K+L	Grüner Apfel	–
	K+M	Grüne Beeren, rohe Frucht	–
	L+M	Nach Heidelbeeren	+
VI	N	Scharf, frisch, grün	–
	P	Nach Äpfeln, grün	–
	Q	Nach Zitrone	–
	N+P	Scharf grün	–
	N+Q	Nach Heidelbeeren, grün, nach Zitronen	+
	P+Q	Nach Zitrone, schwach nach Heidelbeere	?
VII	R	Angenehm grün, alkoholig	–
	S	Grün, nach Blättern, scharf	–
	T	Nach Zitrone, nach Beeren	?
	R+S	Nach saurem Apfel, scharf grün	–
	R+T	Nach Heidelbeeren	+
	S+T	Sauer, scharf, beerenartig	+

stoffe nicht über die Qualität und die Beschaffenheit der ihm angebotenen Lebensmittel irregeführt oder getäuscht wird.

In der Bundesrepublik Deutschland wird die Verwendung von Aromen durch verschiedene *Gesetze und Verordnungen* geregelt. Zentrales Dach- bzw. Rahmengesetz ist das „Gesetz über den Verkehr mit Lebensmitteln, Tabakerzeugnissen, kosmetischen Mitteln und sonstigen Bedarfsgegenständen (Lebensmittel- und Bedarfsgegenständegesetz)" vom 15. August 1974, das als „Das Lebensmittelgesetz" bekannt ist. In diesem Gesetz sind Ermächtigungen zum Erlaß von Rechtsverordnungen für spezielle Zwekke enthalten. Für Aromastoffe wichtig ist der § 2 dieses Gesetzes, der den Begriff *„Zusatzstoffe"* als Stoffe definiert,

> „die dazu bestimmt sind, Lebensmitteln zur Beeinflussung ihrer Beschaffenheit oder zur Erzielung bestimmter Eigenschaften oder Wirkungen zugesetzt zu werden; ausgenommen sind Stoffe, die natürlicher Herkunft oder den Natürlichen chemisch gleich sind und nach allgemeiner Verkehrsauffassung überwiegend wegen ihres Nähr-, Geruchs- oder Geschmackswertes oder als Genußmittel verwendet werden, sowie Trink- und Tafelwasser".

Aus dieser Definition folgt, daß natürliche und natur-identische Aromastoffe nicht als Zusatzstoffe gelten, also ohne besondere Genehmigung verwendet werden dürfen, wenn damit nicht der Verbraucher über Beschaffenheit und Qualität der ihm angebotenen Lebensmittel getäuscht wird. Einzelheiten regelt die „Aromaverordnung". Wichtig sind in diesem Zusammenhang auch die Zusatzstoff-Zulassungsverordnung und die Zusatzstoffverkehrsverordnung. Ähnliche Regelungen gibt es in der Schweiz und in Österreich.

Diese umfangreichen gesetzlichen Normen sichern den Verbraucher dagegen ab, daß mit Aromastoffen Schindluder getrieben wird, denn die Möglichkeiten hierzu im Sinne von Täuschung und Irreführung sind an sich vielfältig gegeben.

3.3.2 Pflanzliche Lebensmittel

3.3.2.1 Obst

Als Obst bezeichnet man Früchte bzw. Scheinfrüchte sowie ggf. Samen kultivierter und wild wachsender Pflanzen. Man unterscheidet dabei zwischen Kernobst, Steinobst, Beerenobst, Südfrüchten, Schalenobst und Wildfrüchten. Typische *Kernobstarten* sind Äpfel und Birnen sowie Quitten. Botanisch bezeichnet man diese Früchte als „Sammelbalgfrucht", wobei die eigentliche Frucht das Kernhaus ist. Was wir als Apfel oder Birne essen, ist nur eine Verdickung des Stieles.

Aprikosen, Pfirsiche, Pflaumen und Kirschen zählen zu den typischen *Steinobstarten*.

Die bekanntesten *Beerenobstarten* sind Brombeeren, Erdbeeren, Heidelbeeren, Himbeeren, Johannisbeeren, Preiselbeeren, Stachelbeeren und die Weintrauben. Hier unterscheidet aber der Botaniker und bezeichnet die Frucht von Brombeere, Erdbeere, Himbeere als eine „Sammelsteinfrucht", während er die anderen als echte Beeren durchgehen läßt.

Die wichtigsten Zitrusfrüchte sind Apfelsine (Orange), Grapefruit, Mandarine und Zitrone. Aus der Sicht des Botanikers handelt es sich dabei jeweils um Beeren.

Nebenbei gesagt, ist auch die Banane botanisch als Beere zu bezeichnen, ebenso wie Dattel, Kiwi, Melone und Papaya.

Zum *Schalenobst* zählt man Nüsse (Erdnuß, Haselnuß, Paranuß, Walnuß), Mandeln und Pistazien.

Was die Zusammensetzung anbetrifft, so unterscheidet sich das Schalenobst kraß von den sonstigen Obstarten, denn es enthält nur sehr wenig Wasser (zwischen 3 und 7%), während die anderen Obstarten zu 80 bis 90% aus Wasser bestehen. Die Tabellen 12 und 13 geben einige Werte.

Tabelle 12. Zusammensetzung von Schalenobst (Angaben in % des eßbaren Anteils, Durchschnittswerte)

Art	Wasser	N-Verbind.	Lipide	Kohlenhydrate
Erdnuß	5,0	28,5	47,5	20
Haselnuß	7,1	17,4	62,6	9,5
Walnuß	3,3	15,0	64,4	15,6
Mandel	4,7	20,5	53,5	16,5

Tabelle 13. Zusammensetzung einiger Kern-, Stein- und Beerenobstarten (Angaben in % des eßbaren Anteils, Durchschnittswerte)

Art	Wasser	Gesamtzucker	Titrierbare Säure
Apfel	84	11	0,6
Birne	82,5	9,8	0,2
Pfirsich	87,1	8,5	0,6
Süßkirsche	81,3	12,4	0,7
Sauerkirsche	85,3	9,4	0,7
Erdbeere	89,8	5,7	0,9
Johannisbeere (rot)	83,6	5,1	2,3

Tabelle 14. Gehalt an Zuckern in wichtigen Obstarten (Angaben in % des eßbaren Anteils, Durchschnittswerte)

Obstart	Glucose	Fructose	Saccharose
Apfel	1,8	5,0	2,4
Aprikose	1,9	0,4	4,4
Erdbeere	2,6	2,3	1,3
Apfelsine	2,4	2,4	4,7

Gemeinsam ist allen diesen Früchten, daß ein erheblicher Teil des Aromas – nunmehr im Sinne des Normenausschusses – durch die Menge des enthaltenen Zuckers und der enthaltenen Säure bzw. durch das Verhältnis Zucker:Säure mitbestimmt wird. Einige Anhaltswerte zum Zuckergehalt verschiedener Obstarten gibt Tabelle 14, wobei betont werden muß, daß es sich wirklich um Anhaltswerte handelt, die sich auf die reifen Früchte beziehen; bekanntlich erfolgen gegen Ende der Reifung in dem Verhältnis von Glucose zu Fructose und zu Saccharose erhebliche Umstellungen. Auch der Begriff der „optimalen Reife" ist nicht exakt definierbar, so daß es sich bei den Werten in der Tabelle 14 um Durchschnittswerte handelt.

Der Zuckergehalt der anderen Obstarten liegt in etwa in den gleichen Bereichen, z.T. darüber, z.T. darunter; Datteln enthalten allerdings 32% Glucose, 24% Fructose und 8% Saccharose, sie sind also ein extremer Ausnahmefall. Da die Süßkraft der Fructose bei Zimmertemperatur (s. Seite 34) etwas höher als die von Saccharose ist, während Glucose nur die halbe Süßkraft der Saccharose hat, spielt natürlich das Verhältnis dieser Zucker zueinander im Hinblick auf den Süßeindruck bei Obst eine wichtige Rolle.

Beeinflußt wird der Süßeindruck aber auch durch die anwesenden Säuren (s. Seite 34/35). Man kann allgemein sagen, daß in Kern- und Steinobst die *Apfelsäure* überwiegt, während in Beerenobst und Südfrüchten die *Zitronensäure* vorherrscht. Eine Ausnahme bilden die Weintrauben: Sie sind das einzige Obst, in dem *Weinsäure* den größten Teil der Säuren ausmacht. Daneben kommen noch kleine Mengen von z.B. Bernsteinsäure, Brenztraubensäure, Fumarsäure, Milchsäure, Oxalsäure, Ketoglutarsäure sowie verschiedene Hydroxizimtsäuren vor, die aber den Geschmack nicht entscheidend beeinflussen.

Äpfel. Wichtigste Obstart in unseren Breiten sind wohl die Äpfel. Sie überwiegen mengenmäßig in Europa alle anderen Obstarten bei weitem. 1979 lag die Produktion bei etwa 21,6 Mio. t (zum Vergleich die Zahl für Birnen: 4,2 Mio. t). Es verwundert daher nicht, daß über die Geschmacks-

und Aromaeigenschaften und die diese bedingenden Stoffe schon sehr viele Untersuchungen durchgeführt worden sind.

Gerade beim Apfel muß man wiederum klar zwischen den beiden mehrfach genannten Aromadefinitionen unterscheiden: Der Geschmack als solcher wird in erheblichem Umfang vom Zuckergehalt, vom Säuregehalt bzw. vom Verhältnis dieser beiden Kriterien zueinander bestimmt (s. Tabelle 14). Damit ist aber nur ein Teil des Aromas festgelegt; Äpfel enthalten noch eine große Zahl anderer, zum Aroma beitragender, meist flüchtiger Stoffe, die von der Sorte, vom Reifezustand und bereits zurückgelegter Lagerungszeit und vielen anderen Kriterien abhängen. Apfelaroma ist auch keinesfalls eine konstante Größe, auch nicht bei Früchten derselben Sorte aus demselben Jahrgang (selbst nicht vom selben Baum), vielmehr ändert sich das Aroma während der Reifung, insbesondere im sogenannten Klimakterium[1] und während der späteren Lagerung. Einige grundsätzliche Gemeinsamkeiten kann man aber doch herausstellen. So gibt es zwei Grundtypen, in deren Aroma entweder Ester oder Alkohole überwiegen. Einige Hauptkomponenten dieser Aromafraktionen sind in Tabelle 15 wiedergegeben.

Wichtig sind auch zwei *Aldehyde,* nämlich trans-Hexen-2-ol-1 und Hexanal (s. auch 3.3.1.2). Man kann das Apfelaroma in der auf Seite 56 gegebenen Einteilung der Gruppe 2 zuordnen, bei der einige wenige Stoffe (Character Impact Compounds) das Aroma entscheidend beeinflussen. Dazu soll auch Ethyl-2-methylbutyrat gehören.

Es gibt heute synthetisch zusammengestellte Apfelaromen zu kaufen. Wenn man das in Tabelle 16 wiedergegebene Rezept für ein handelsübli-

---

[1] Es mag überraschen, daß hier der Ausdruck „Klimakterium" auftaucht, der im Deutschen „Wechseljahre" bedeutet. Es hat sich aber bei den Pflanzenphysiologen seit Jahren eingebürgert, dieses Wort für eine bei manchen Pflanzen bzw. Früchten typische Erscheinung zu verwenden. Das beste Beispiel ist der Apfel: Man weiß, daß diese Frucht vom Beginn der Reifung am Baum an atmet, also Gase abgibt. Die Stärke dieser Atmung nimmt im Laufe der Reifung zuerst schnell, dann immer langsamer ab, und erreicht bei der am Baum vollreifen Frucht ein Minimum. Danach steigt bei der geernteten Frucht die Atmungsaktivität für einige Zeit wieder stark an, um dann während der Lagerung wieder auf das vorher erreichte Minimum abzufallen. Diesen Wiederanstieg der Atmungsaktivität bzw. den Bereich von Anstieg und Wiederabfall nennt man das Klimakterium einer Frucht. Typische klimakterische Früchte sind Kernobst wie Äpfel und Birnen, aber auch Bananen, wo das erneute Maximum hoher Atmungs-, also hoher Stoffwechselaktivität, sehr ausgeprägt ist. Bei manchen Fruchtarten (z. B. bei bestimmten Zitrusarten) gibt es diese Erscheinung nicht; zwischen den Extremen findet man zahlreiche Übergangsformen. Bei Äpfeln dauert das Klimakterium bei 15 bis 20 °C etwa 20 bis 30 Tage; die Dauer hängt von der Apfelsorte, von der Lagerungstemperatur, vom Pflückzeitpunkt, von der Lagerungsatmosphäre usw. ab

Tabelle 15. Einige wichtige aromabestimmende Ester und Alkohole aus Äpfeln

Ester	Alkohole
Ethylacetat	n-Butanol
n-Butylacetat	iso-Pentanol
iso-Amylacetat	Pentanol-2
Hexylacetat	Hexanol
Butylbutyrat	2-trans-Hexenol
Hexylbutyrat	
n-Butylcapronat	
Ethyl-2-methylbutyrat	
Hexyl-2-methylbutyrat	
Hexylcapronat	
Octylbutyrat	
Butylcaprylat	

Tabelle 16. Zusammensetzung eines synthetischen Apfelaromas (nach Ziegler) [Mit Lösungsmittel (Wasser) ad 1000]

Mengenanteil	Verbindung	Mengenanteil	Verbindung
2	2,6-Dimethylhepten-5-al-1	20	2-Methylbuttersäure
5	Rosenöl	20	Hexanol
5	Benzaldehyd	20	Ethylpropionat
10	Vanillin	20	Ethylpelargonat
10	Maltol	30	2-trans-Hexenal
10	Citronellylacetat	50	Ethylacetat
10	Essigsäure	50	Isoamylacetat
10	Geraniol	50	Diethylmalonat
10	Geranylacetat	100	iso-Amylisovalerianat
10	Acetaldehyd	100	Hexylacetat
10	Ethylcapronat	150	Acetessigester

ches Apfelaroma betrachtet, so fällt auf, daß längst nicht alle wichtigen Inhaltsstoffe von Apfelaroma darin vorkommen. Dagegen ist eine ganze Anzahl von Stoffen drin enthalten, die in Tabelle 15 überhaupt nicht genannt sind. Trotzdem soll diese Mischung ein Apfelaroma vom „blumig-estrig bouquettierten" Typ wiedergeben. Dies wird damit begründet, daß der Verbraucher sich heute in seiner Geschmacksvorstellung für den Apfel viel mehr am Aroma des *Apfelsaftes* orientiert als am Aroma des frischen Apfels und dementsprechend sind die künstlichen Apfelaromen inzwischen stärker in dieser Richtung aufgebaut. Stoffe wie Vanillin, Maltol, Zitrusöle, Rosenöl, dienen der Abrundung, der sogenannten „Fülle" der Komposition.

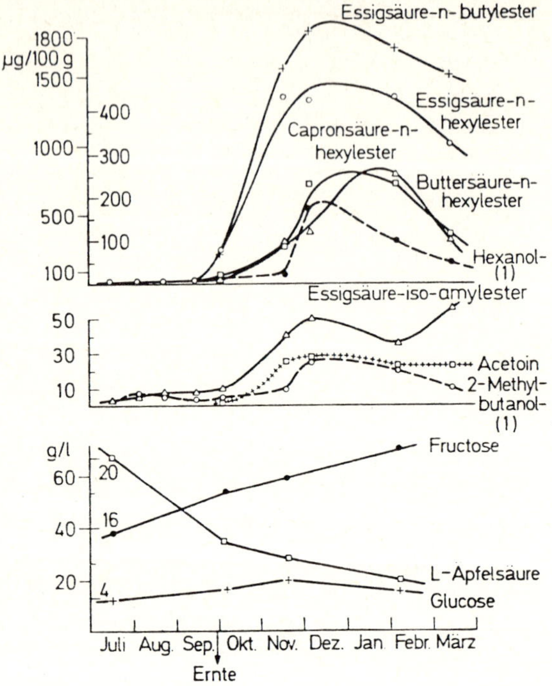

Abb. 32. Veränderung von aromawichtigen Inhaltsstoffen von Äpfeln (Sorte Cox Orange) während Reifung und Lagerung (nach Drawert, Heimann, Emberger und Tressl (1968)). Maßstab an der Ordinate oberer Teil links für n-Butylacetat, rechts alle übrigen, unterer Teil links Glucose und Fructose, rechts Apfelsäure

Wie erwähnt, verändert sich das Apfelaroma während der Reifung, des Klimakteriums und der Lagerung. Hierbei sind nicht nur Veränderungen im Säuregehalt – unreife Äpfel sind ja sehr sauer und auch infolge erhöhten Gerbstoffgehaltes stark adstringierend –, Zunahme des Zuckergehaltes und Änderung im Verhältnis der einzelnen Zucker zueinander entscheidend, sondern auch Vorgänge im Hinblick auf die „eigentlichen" Aromastoffe. Abbildung 32 gibt die Verhältnisse bzgl. einiger wichtiger Inhaltsstoffe wieder.

Abbildung 32 faßt die Vorgänge im Apfel am Baum, nach der Ernte und bei der Lagerung zusammen. Man sieht, daß der Fructose-Gehalt relativ kontinuierlich über den ganzen Zeitbereich steigt, während der Glucose-Gehalt konstant bleibt. Die Menge an Äpfelsäure fällt bis zur Ernte relativ steil und während der Lagerung langsamer ab. Aromastoffe sind vor der Ernte fast keine im Apfel vorhanden; nach der Ernte steigen aber die Ge-

Tabelle 17. Aromastoffgehalt in Äpfeln verschiedener Sorten und zweier Jahrgänge (a und b) (Angaben in µg/100 g)

Aromastoff	Sorte									
	Cox Orange		Jonathan		Golden Delicious		Glockenapfel		Champ. Renette	
	a	b	a	b	a	b	a	b	a	b
Essigsäure-n-butylester	1480	610	1210	630	650	430	5	6	12	10
Essigsäure-iso-amylester	15	6	200	105	35	28	30	8	20	2
Essigsäure-n-hexylester	320	220	420	180	300	140	10	8	8	1
Buttersäure-n-hexylester	100	60	140	125	75	25	120	26	30	+
Butanol-1	40	15	30	35	35	28	35	2	120	12
2-Methyl-butanol-1 (iso-Pentanol)	9	4	21	35	15	18	210	140	330	230
Hexanol-1	45	40	140	160	105	160	330	215	560	320

halte schnell. Die Kurven zeigen auch, daß es sich bei Cox Orange um einen Apfel des „Ester-Typs" handelt, denn die Vertreter dieser Substanzgruppe weisen den steilsten Anstieg auf. Stärkste Komponente ist der Essigsäure-n-butylester, zweitstärkste der Essigsäure-n-hexylester. Beide erreichen nach 70 Tagen Lagerung ein Maximum, um dann – wie auch die meisten anderen Ester – wieder abzunehmen.

Es muß ausdrücklich darauf hingewiesen werden, daß sich diese bei Cox Orange gefundenen Verhältnisse nicht verallgemeinern lassen. So wird bei der Sorte Jonathan schon während des Wachstums in merklichen Mengen Essigsäure-isoamylester gebildet; 6 Tage nach der Ernte ist diese Substanz zur Hauptkomponente geworden (400 µg je 100 g). Nach 99 Tagen Lagerungszeit ist aber nur noch die Hälfte davon vorhanden.

Der Gehalt an Aromastoffen im Apfel ist von sehr zahlreichen Faktoren abhängig. So ist er von Jahr zu Jahr verschieden, wie Tabelle 17 zeigt.

Tabelle 17 gibt auch ein Bild über die extremen Unterschiede zwischen einzelnen Sorten.

Beim Apfelaroma wurden ähnliche Untersuchungen durchgeführt, wie sie auf Seite 60/61 für die Heidelbeeren beschrieben worden sind; Abb. 33 zeigt, wie die verschiedenen Teilkomponenten des Aromas durch Schnüffeltechnik zugeordnet werden konnten.

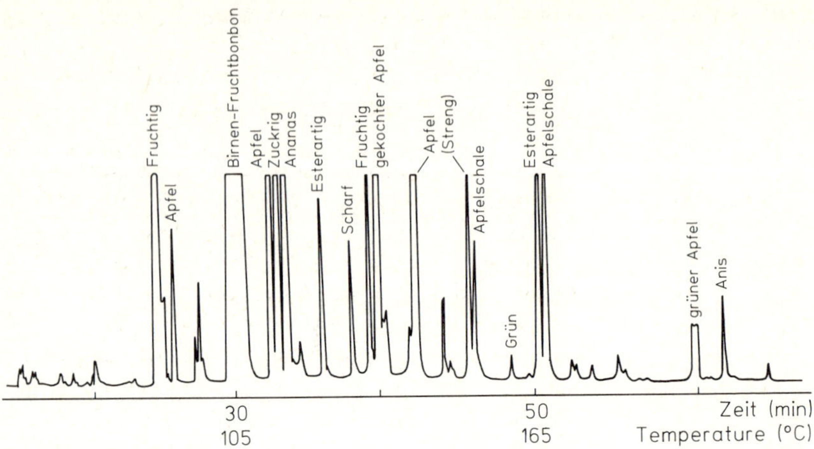

Abb. 33. Gaschromatogramm von flüchtigen Inhaltsstoffen des Apfels. Sensorische Charakterisierung der Peaks mit Hilfe der „Schnüffeltechnik" (nach Williams et al. (1977) Flavour Quality. Seite 77)

Zusammenfassend läßt sich sagen, daß die Sorten Cox Orange, Jonathan und Golden Delicious zum Ester-Typ gehören, zum Alkohol-Typ jedoch Goldparmäne, Berlepsch, Glockenapfel, Champagnerrenette und Ontario zu zählen sind. Die „Ester-Typ"-Sorten enthalten insgesamt größere Menge an Aromastoffen und werden sensorisch auch als aromatischer empfunden. Bei den alkohol-bildenden Sorten sind Hexanol und Isopentanol die Hauptkomponenten. Gewisse Mengen, insbesondere an Essigsäure-n-butylester, sind bei der Goldparmäne nicht zu übersehen.

Apfelsaft. Es ist ein interessantes Phänomen, daß das Aroma, der Geschmack, von Apfelsaft, also der mechanisch durch Pressen aus Äpfeln herausgeholten Flüssigkeit, sensorisch sehr stark vom Geschmack des Apfels verschieden ist, und zwar bereits unmittelbar nach dem Pressen. Es laufen im Moment der Zerstörung des pflanzlichen Zellverbandes *enzymatische Prozesse* oxidativer und hydrolytischer Art ab, welche die ursprünglichen Aromastoffe sehr stark verändern (deswegen mußte bei den vorher beschriebenen Untersuchungen zum Apfelaroma mit Enzymhemmern gearbeitet werden).

Ein typisches Beispiel ist die Bildung von trans-Hexen-2-al-1 und von Hexanal, zwei für das Apfelsaftaroma äußerst wichtige sowie sehr geruchs- und geschmacksaktive Stoffe, die im Apfel selbst nur in geringen Konzentrationen vorhanden sind. Der Gehalt an diesen beiden Alde-

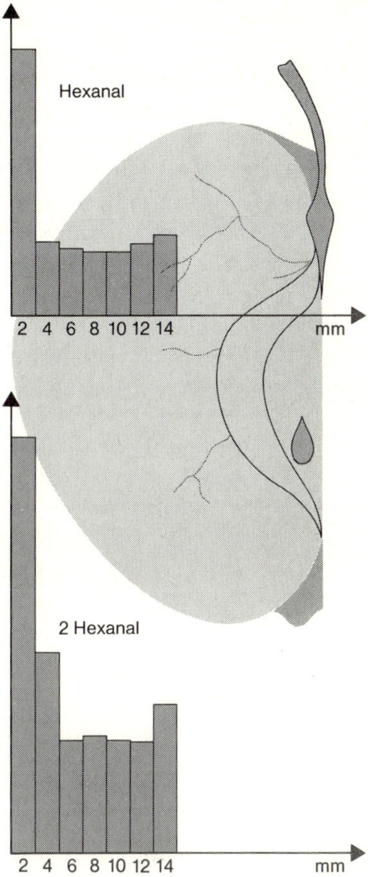

Abb. 34. Bildung von C_6-Aldehyden nach der Zellzerstörung in verschiedenen Teilen des Apfels (nach N. Palliard: Flavour 81, Seite 787)

hyden erhöht sich innerhalb weniger Minuten nach dem Pressen um ein vielfaches der ursprünglichen Konzentration. Interessant sind auch die Bildungsweise bzw. die Vorstufen für die beiden Aldehyde. Man wußte schon lange, daß es sich um enzymatische Vorgänge handelt. Da in Äpfeln relativ viel Polyphenol-Oxidasen vorliegen, nahm man ursprünglich an, diese Enzyme würden für die oxidative Bildung der Aldehyde sorgen. Eingehende Untersuchungen zeigten aber, daß ein völlig anderer Weg vorliegt: Vorstufen sind höhere ungesättigte Fettsäuren, wie Linolsäure, Linolensäure und Ölsäure, aus denen durch eine Lipoxigenase auf sehr kompliziertem Wege die genannten C_6-Aldehyde gebildet werden. Trans-Hexen-2-al-1 ist eine altbekannte Substanz, die bereits 1911 aus Blättern isoliert wurde und deswegen den Beinamen *„Blätteraldehyd"* führt. Als

Blätteralkohol wird cis-Hexen-3-ol-1 bezeichnet, das erstmals 1912 in Blättern der Hainbuche gefunden worden war.

Die für das „Sekundäraroma" wichtigen C_6-Aldehyde werden nicht in allen Schichten des Apfels in gleichem Umfang nach der Zellzerstörung gebildet, wie Abb. 34 zeigt.

Einen weiteren Beitrag zum Apfelsaftaroma liefert die *Esterspaltung* durch Hydrolasen, welche einen beträchtlichen Teil der in der Frucht vorhandenen Ester in Säuren und Alkohol aufspaltet. Weiterhin sind Reduktasen wirksam, die nun wiederum einen Teil der vorher genannten Aldehyde zum Alkohol reduzieren. Man kann also bei Apfelsaft nicht von „Impact Compounds" sprechen. Regressionsanalysen zwischen sensorischen und chemischen Befunden zeigten, welche Aromabestandteile von Apfelsaft mit welchen sensorischen „Teilprofilen" in Verbindung stehen.

Steinobst. Tabelle 19 bringt summarische Angaben zu den in Steinobst enthaltenen Aromastoffgruppen, wobei Aprikosen, Pfirsiche und Süßkirschen als Beispiel dienen. Pfirsiche und Aprikosen können der auf Seite 56 erwähnten Gruppe 3 zugeordnet werden (bei der das Aroma nur mit einer größeren Zahl von Verbindungen befriedigend reproduziert werden kann und wo keine wirkliche „Character Impact Compound" vorliegt). Nebenbei gesagt, findet man auch in Rezepten für ein künstlich zusammengesetztes Aprikosen-Aroma nur einen Teil der Stoffe, die in natürlichem Aroma enthalten sind; die *„Steinobstnote"* wird durch stärkeren Zusatz von *Benzaldehyd* betont. Es fällt auf, daß die Gruppen der Lactone und der Terpenoide das Aroma in erheblichem Maße bestimmen, Stoffklassen, die bei den Äpfeln praktisch nicht genannt worden sind. Es sei ausdrücklich darauf hingewiesen, daß es sich bei Tabelle 19 um den Versuch einer sehr groben Einteilung handelt und daß man keinesfalls verallgemeinern

Tabelle 18. Verbindung von sensorischen Teilqualitäten und Aromabestandteilen von Apfelsaft (nach P. Dürr, in „Criteria of food acceptance, S. 367, 1981)

Sensorische Beschreibung	Verbindung
Harmonisch	2-Butylacetat 3-Hexenal 2-Hexenol
Grasig	Hexanal Ethylbutyrat 1-Octanol
Fruchtig	Ethylbutyrat 2-Pentanon 2-Hexenal

Tabelle 19. Wichtige Aromastoffgruppen in Steinobst (Grobgliederung ihrer Bedeutung)

Substanz	Aprikosen	Pfirsiche	Kirschen (süß)[a]
γ-Lactone (z. B. C_5, C_6, C_8, C_{10}, C_{12})	××	×××	××
δ-Lactone (z. B. C_8, C_{10})	××	××	?
Terpenoide (z. B. Myrcen, Limonen, Terpineol, Geraniol, Linalool	×××	×××	×××
Ester	××	×××	×××
Aldehyde	××	××	×××
Alkohole	×	×	××

[a] Relativ wenig untersucht

darf. Die Unterschiede von Aprikose zu Aprikose und von Pfirsich zu Pfirsich können sehr erheblich sein. Ebenfalls muß erwähnt werden, daß das Kirschenaroma noch relativ wenig untersucht worden ist.

Wie groß *Sortenunterschiede* sein können, zeigt eine neuere Untersuchung über die Aromastoffe verschiedener Pflaumensorten. Es konnten etwa 160 Verbindungen identifiziert und zu einem bestimmten Teil auch in ihrer Bedeutung für das Pflaumenaroma charakterisiert werden.

Die 14 für das Aroma offenbar wichtigsten Verbindungen und ihr Vorkommen sind in Tabelle 20 (S. 74) summarisch dargestellt. Es fällt auf, daß bei *Prunus cerasus* keine Lactone eingetragen sind; cis-3-Hexenol fehlt bei *P. armenica* und *P. cerasus,* Ethylcinnamat taucht nur bei *P. persica* auf, bei der – im Gegensatz zu den anderen Sorten – auch Caprinsäure und trans-2-Hexensäure eine Rolle spielen sollen.

Beerenobst. Die für Mitteleuropa wichtigste Art ist die Erdbeere; Himbeere und Johannisbeere, um zwei weitere wichtige Beerenobstarten zu nennen, bringen zusammen nur knapp die Hälfte der Erdbeerernte auf die Waage, Preiselbeere und Stachelbeere zählen praktisch nicht. Die Weintraube, auch eine Beere, soll hier unberücksichtigt bleiben.

Die *Erdbeere* wird zur Gruppe 4 der auf Seite 56 genannten Aromagruppen gerechnet, denn ihr Aroma läßt sich auch mit einer großen Zahl von Verbindungen nicht befriedigend reproduzieren. Auch ist das Erdbeeraroma sehr komplex zusammengesetzt; man kennt weit über 200 Verbindungen, die wahrscheinlich zum Aroma beitragen, wobei auch hier wieder

Tabelle 20. Abhängigkeit der Aromastoffzusammensetzung und -bedeutung bei verschiedenen Pflaumensorten (nach Williams und Ismail, Solms 1981)

Stoff	Pflaumensorte			
	P. persica	P. armenica	P. cerasus	P. salicina
γ-Hexalacton	×	××		×
γ-Octalacton	×	×		×
γ-Decalacton	×	×		×
γ-Dodecalacton	×	×		
Linalool	×	×	×	×
α-Terpineol	×	×	×	×
Benzylalkohol	×	×	×	
cis-3-Hexenol	×			×
trans-2-Hexenol	×	×		×
Ethylcinnamat	×			
Benzaldehyd	×		×	×
n-Hexansäure (Capronsäure)	×	×		
n-Octansäure (Caprinsäure)	×			
trans-2-Hexensäure	×			

Insgesamt aber rd. 160 Stoffe identifiziert

zwischen rein geschmacksaktiven Stoffen, rein geruchsaktiven Stoffen und in beiden Richtungen wirkenden Stoffen nur sehr schwer zu unterscheiden ist. Auch bei der Erdbeere wird der sensorische Gesamteindruck (abgesehen von der Farbe) vom Zucker- und Säuregehalt bzw. von dem Zusammenwirken dieser beiden Geschmacksstoffe in hohem Maße mitbedingt. Die erwähnten über 200 Verbindungen sind aber mit entscheidend für das Aroma (im Sinne des Normenausschusses).

Am Strauch erreicht der Duft der Erdbeere am späten Nachmittag seinen Höhepunkt. Gegen Abend und besonders in der Nacht verflüchtigt er sich teilweise. Die ideale *Pflückzeit* ist deshalb der Nachmittag. Die gepflückte Frucht behält ihr volles Aroma, so lange sie unverletzt ist. Auch das Tiefgefrieren wird bezüglich des Aromas nicht unbeeinträchtigt überstanden (Gefriergeschmack). Sobald die Früchte zusammen mit Zucker gekocht werden, entwickeln sie ein neues, anderes Aroma, das jahrelang stabil bleiben kann.

Wenn man die langen Listen der im Erdbeeraroma enthaltenen flüchtigen Stoffe ansieht, so findet man immer wieder dieselben Substanzen, dieselben Substanzgruppen, wie sie schon bei den anderen Obstarten beschrieben worden sind. Dies zeigt, daß man verallgemeinert sagen kann:

das Aroma von Obst wird in erheblichem Umfang durch immer die gleichen Substanzen bestimmt; für die Unterschiede zwischen Arten und Sorten ist nur die quantitative Zusammensetzung verantwortlich.

Auch Erdbeeren enthalten Säuren, Alkohole, Aldehyde, Ketone, Ester, Terpenoide, Lactone, um die wichtigsten Gruppen zu nennen, und auch die einzelnen Vertreter dieser Gruppen sind die gleichen, wie sie z. B. bei Aprikosen und Pfirsichen genannt worden sind. Der Patentanspruch, nach dem 2,5-Dimethyl-3-hydroxy-4-keto-4,5-dihydrofuran für den eigentlichen Erdbeercharakter verantwortlich zu machen sei, ist nicht aufrecht zu erhalten. Diese Verbindung ist nur ein Teil, gar nicht einmal der bestimmende Teil des Erdbeeraromas. Dagegen soll 4-Hydroxy-2,5-dimethyl-3-furanon in großer Verdünnung eine „Erdbeernote" aufweisen. Bei künstlichen Erdbeeraromen ist es sehr nützlich, wenn dieses Furanon zusammen mit Maltol und Ethylmaltol eingesetzt wird, also mit Stoffen, die im natürlichen Aroma überhaupt nicht vorhanden sind.

Neuerdings wurde bei Erdbeeren versucht, einmal tatsächlich bei denselben Früchten zwischen rein geruchswirksamen Stoffen und den Stoffen, die in den Preßsaft gehen, zu unterscheiden. Mit anderen Worten, es wurde eine *„Headspace-Analyse"* und parallel dazu eine Extraktion aus den gepreßten Früchten vorgenommen: Von den Säuren war erwartungsgemäß nur die Essigsäure sowohl im Kopfraum als auch im Saft zu finden; die 12 anderen identifizierten Säuren lagen nur in Lösung vor. Auch bei den Alkoholen, vom Ethanol bis zum Linalool, fanden sich in beiden Fraktionen meßbare Mengen, während Benzylalkohol und 2-Phenyläthanol sowie Zimtalkohol nicht im Kopfraum nachweisbar waren. Bei den Aldehyden bzw. Ketonen ging noch das 2-Undecanon in den Headspace, während erstaunlicherweise dort Diacetyl, das in deutlichen Mengen im Preßsaft war, nicht gefunden werden konnte. Die Ester waren zum größten Teil in beiden Fraktionen zu finden, während selbstverständlich die Lactone kaum zum Geruch beitrugen. Dieses Ergebnis ist nicht überraschend, denn der Dampfdruck einer Substanz ist im allgemeinen umso höher, je niedriger ihr Siedepunkt ist und riechen tut man ja die Moleküle, die im Dampf über der Oberfläche des Lebensmittels vorhanden sind. Ob und wie stark man sie riecht, hängt natürlich von der Menge und der Geruchsintensität ab (Beispiele für die extremen Unterschiede in diesem Bereich sind in Tabelle 1, 2, 3 vorgestellt).

Eine Bemerkung am Rande: Es gibt einen Mikroorganismus, *Pseudomonas fragi,* der in *Milch* vorkommen kann und dort Stoffe bildet, die vermuten lassen, in der Milch wären Erdbeeren vorhanden; die Mikroorganismen bewirken den Milchfehler „Erdbeergeschmack".

Die mit der Erdbeere verwandte *Himbeere* ist dadurch charakterisiert, daß ihr Aroma erstaunlicherweise relativ wenige Ester enthält. Andererseits hat sie eine typische „Character Impact Compound", nämlich 4-(p-

Hydroxyphenyl)-butanon-2. Diese Substanz wird deswegen „Himbeerketon“ genannt und kann in besonders aromareichen Waldhimbeeren Konzentrationen von 600 bis 700 ppb erreichen. Bis heute konnte man diese Verbindung in keinem anderen Aroma nachweisen, so daß der Ausdruck *„Himbeerketon“* gerechtfertigt ist. Weitere relevante Inhaltsstoffe sind α-Ionon und β-Ionon, die in keiner anderen Frucht eine entsprechende Bedeutung für das Aroma haben.

Obstbranntwein. Obst wird nicht nur gegessen oder als Saft getrunken sondern auch z. B. zu Obstbranntweinen verarbeitet. Jeder Kenner weiß nun, daß ein Kirschwasser ein anderes Aroma als ein Zwetschgenwasser oder ein Brand aus Birnen oder Äpfeln aufweist, obwohl jeweils der gleiche Alkoholgehalt vorgeschrieben ist. Selbstverständlich ist der Alkohol als solcher am Aroma beteiligt, aber die erwähnten und auch weitere „Brände“ sind in ihrem Aroma doch durch zahlreiche Aromastoffe gekennzeichnet.

Tabelle 21 bringt einen Auszug aus umfangreichen Untersuchungen an Obstbranntweinen; es sind nur die in größeren Mengen vorkommenden Aromastoffe erwähnt.

Bei der Beurteilung dieser Werte ist natürlich wiederum der Grundsatz zu beachten, daß die Menge eines enthaltenen Aromastoffes im Grunde noch gar nichts über seine Bedeutung für das Aroma des betreffenden Lebensmittels aussagt. Es fallen aber doch einige typische Werte auf. So ist Benzaldehyd nur in den Branntweinen aus Steinobst in merklichen Mengen vorhanden. Der Grund hierfür liegt darin, daß bei der Herstellung immer auch Steine bzw. Steinbruchstücke in die Maische gelangen. Diese enthalten *Amygdalin,* welches enzymatisch in zwei Moleküle D-Glucose, Benzaldehyd und Blausäure (HCN) gespalten wird. Deswegen können Steinobstbranntweine durchaus meßbare Mengen von Blausäure enthalten; sie sind aber nicht so hoch, daß man mit Vergiftung rechnen müßte. Weiterhin fällt auf, daß *Kirschwasser* ganz erheblich mehr Propanol, aber sehr viel weniger n-Butanol als die anderen Branntweine enthält. Der Essigsäuremethylester ist im *Williamsbirnenbrand* stärker als in allen anderen vertreten; im *Calvados* findet man insgesamt weniger Aromastoffe als in den anderen Produkten.

Es sei davor gewarnt, die Werte der Tabelle 21 zu verallgemeinern; sie können bei anderer Verfahrensführung, bei anderen Obstsorten, bei anderen Jahrgängen usw. durchaus anders ausfallen.

„Kuriosa“. Ganz zum Schluß noch ein Beispiel für eine ganz andere „Unsicherheit“ in der Beurteilung von Aromastoffen: Es gibt im ostasiatischen Raum die *Durian-Früchte,* die von der eingeborenen Bevölkerung mit Hochgenuß verzehrt werden. Man sagt, „wer sie essen kann“, würde sie al-

Tabelle 21. Flüchtige Inhaltsstoffe in Obstbranntweinen (mg/100 ml reiner Alkohol)

Verbindung	Zwetschgen-wasser	Mirabellen-wasser	Kirschwasser	Obstwasser	Williams-birnenbrand	Calvados[a]
Methanol	1140	1230	680	980	1410	170
Propanol-1	150	130	810	250	130	70
Butanol-1	20	50	2	25	30	20
Butanol-2	20	20	40	80	20	50
Isobutanol	90	40	50	100	60	60
3-Methyl-butanol-1	140	80	100	230	120	200
Essigsäuremethylester	9	10	7	10	30	1
Essigsäureethylester	200	250	300	130	150	130
Milchsäureethylester	60	70	100	50	30	10
Bernsteinsäurediethylester	2	4	2	0,5	Spur	Spur
Acetaldehyd	18	13	16	18	17	15
Benzaldehyd	3	4	1	Spur	Spur	1

[a] Aus vergorenem Apfelsaft bzw. Apfelmost (Cider) in der Normandie hergestellter Apfelbranntwein. Längere Reifung in Holzfässern und die verwendete spezielle Apfelsorte sorgen für das typische Aroma

len anderen Früchten als Gourmet-Frucht vorziehen. Europäer sollten, wenn sie mit dieser Frucht konfrontiert werden, jedoch daran denken, daß ostasiatischer und europäischer „Geschmack“ oft recht verschieden sind; es gibt viele Europäer, welche die Durian-Frucht *„Stinkfrucht“* nennen, denn die Frucht verbreitet einen ausgeprägten Geruch, der einerseits bei den verschiedenen Sorten sehr unterschiedlich sein kann, der aber je nach Intensität vom Europäer als „penetrant“ bezeichnet wird. Man hat diesen Geruch analysiert und Ethylmethylbutyrat und geringe Mengen anderer bekannter Ester kurzkettiger Säuren mit Methanol und Ethanol gefunden, alles Verbindungen, die in beliebten Aromata vorkommen. Daneben wurde aber eine Reihe von schwefel-haltigen Verbindungen, wie Schwefelwasserstoff, Ethanthiol, Diethyldisulfid, verschiedene Thioether, nachgewiesen, was den oft intensiv strengen Geruch nach Zwiebeln und Knoblauch erklärt. So sind halt nicht nur die „Geschmäcker“, sondern auch die „Gerücher“ verschieden.

3.3.2.2 Gemüse

Einleitung. Ist die Kartoffel, des Deutschen liebstes Nahrungsmittel (s. Abb. 35), „nur“ ein Gemüse, oder nimmt es eine Sonderstellung ein, wie es viele nördlich des „Weißwurst-Äquators“ gerne sehen würden? Folgt

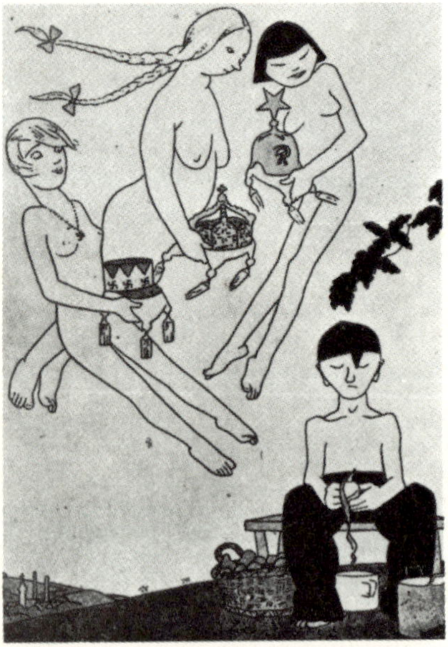

Abb. 35. Die Versuchung des deutschen Michels (Völksen W (1964) „Auf den Spuren der Kartoffel“. Mann, Hildesheim, Seite 44)

man den Botanikern, so ist die Kartoffel zum Gemüse zu zählen, denn sie gehört zu den Knollengemüsen (Sproßknollen).

Man teilt die Gemüse in folgende Arten ein:

1. Pilze
2. Algen
3. Wurzelgemüse (z. B. Möhren, Rettich, Schwarzwurzel)
4a Knollengemüse (Sproßknollen), wozu neben der bereits erwähnten Kartoffel auch Knollensellerie, Kohlrabi, Kohlrübe, Rettiche und Rote Rübe gehören, im Unterschied zu
4b Knollengemüse (Wurzelknollen), worunter Batate, Maniok (Cassava) und Yam gezählt werden
5. Zwiebelgemüse (z. B. Küchenzwiebel und Porree = Lauch)
6. Stengelgemüse (z. B. Spargel)
7. Blattstielgemüse, worunter man Bleichsellerie und Rhabarber einreiht
8. Blattgemüse, wie Brunnenkresse und Chicoree, Feldsalat, Grünkohl, Kopfsalat und Mangold, Rosenkohl, Rotkohl, Spinat und Wirsing
9. Blütenstände als Gemüse (Artischocke, Blumenkohl und Brokkoli)
10. Samengemüse, wozu die grünen Bohnen und die grünen Erbsen, aber auch die Edelkastanien zählen
11. Fruchtgemüse (z. B. Aubergine, Gartenkürbis, Gurke, Tomate und Zucchini)

Die Aufzählung zeigt, welche ungeheure Vielfalt von Geschmacks- und Geruchsunterschieden uns mit unseren Lebensmitteln beschert wird, allein schon bei den Gemüsen. Gurken und Tomaten haben, was Trockenmasse, Kohlenhydratgehalt usw. anbetrifft, eine ganz ähnliche Zusammensetzung, schmecken aber doch extrem verschieden.

Man könnte also wiederum eine ungeheure Vielfalt von Aromastoffen aufzählen bzw. in Tabellen zusammenfassen, ohne aber ein übersichtliches Bild zu erreichen. Deshalb sollen die Aromastoffe von Gemüse nur summarisch abgehandelt werden, mit Ausnahme der Kartoffel, die ihrer Bedeutung entsprechend (s. Abb. 35) etwas ausführlicher gewürdigt werden wird.

Aromastoffe in Gemüsearten. Die verschiedenen Gemüsearten lassen sich, hinsichtlich ihres Aromas in die auf Seite 56 erwähnten Gruppen einreihen, und zwar hauptsächlich in die dort genannte Gruppe 1, bei der das Aroma von einer Verbindung (Character Impact Compound) weitgehend bestimmt wird, und Gruppe 2, wo zwar mehrere Verbindungen das Gesamtaroma bestimmen, von denen aber einzelne besondere Bedeutung haben können (Tabelle 22 bzw. Tabelle 23).

Tabelle 22. Gemüsearten, die ihren Aromastoffen nach zu Gruppe 1 (s. S.56) gehören

Gemüse	Character impact compound
Brunnenkresse	2-Phenylethylisothiocyanat
Champignon (und sonstige Pilze)	1-Octen-3-ol 1-Octen-3-on[a]
Gurke	trans-2-cis-6-Nonadienal cis-3-cis-6-Nonadienal
Knoblauch	Di-2-propenyldisulfid
Rote Rübe	Geosmin[b]

[a] In gekochten Pilzen
[b] Geosmin = trans-1,10-Dimethyl-trans-9-decalol
Wird u.a. von bestimmten Streptomyces-Arten produziert und hat den typischen Geruch von frisch gepflügtem Boden (Erdgeruch)

Tabelle 23. Gemüsearten, die ihren Aromastoffen nach zu Gruppe 2 (s. S. 56) gehören (character impact compound *kursiv gedruckt*) nach Belitz

Gemüseart	Aromastoffe
Kohl (gekocht)	*Dimethyldisulfid* Propenylisothiocyanat Dimethyltrisulfid
Sellerie	*3-Isobutyliden-3a,4-dihydrophthalid* *3-Isovaliden-3a,4-dihydrophthalid* cis-3-Hexen-1-yl-pyruvat 2,3-Butandion
Tomate	Hexanal trans-2-Hexenal cis-3-Hexenal trans-2, trans-4-Decadienal β-Ionon 2-Isobutylthiazol
Zwiebel (roh)	*Thiopropanal-S-oxid* (tränentreibend)
Zwiebel (gekocht)	*Dipropyldisulfid* *Di-1-propenyldisulfid*
Erbsen	*3-Isopropyl-2-methoxypyrazin* *3-sec-Butyl-2-methoxyprazin* *3-Isobutyl-2-methoxypyrazin*

Am Rande sei vermerkt, daß das typische *Gurkenaroma* eigentlich ein Sekundäraroma ist, denn es bildet sich erst im Moment der Zellzerstörung (wie beim Apfel bzw. Apfelsaft). Und auch bei der Gurke sind die Vorstufen ungesättigte Fettsäuren, aus denen Lipoxigenasen Hydroperoxide bilden, bei deren Spaltung Aldehyde und nach Reduktion Alkohole entstehen. Erstaunlich ist – wenn man sich die Geschmacksunterschiede zwischen Apfelsaft und Gurke ins Gedächtnis ruft –, daß bei der Gurke Hexanal, Hexenal, Hexanol, Hexenol, Nonenal, Nonenol und ähnliche Verbindungen aroma-bestimmend sind, Verbindungen, die wir beim Apfelsaft schon kennengelernt haben, nur überwiegen bei der Gurke zwei Nonadienale (s. Tabelle 22).

Im Lichte dieser Befunde wundert es nicht, daß auch bei *grünen Bohnen* Linol- und Linolensäure die Vorstufen für deren typisches Aroma sind. Aus Linolsäure bilden sich n-Hexanol, n-Hexanal und 1-Octen-3-ol als wichtige flüchtige Komponenten, während aus Linolensäure hauptsächlich trans-2-Hexenal, 1-Penten-3-ol, 3-Penten-1-ol, trans-2-Hexenol und cis-3-Hexenol entstehen.

Auch das *Spargel-Aroma* ist ein Sekundäraroma, denn es bildet sich erst beim Kochen der Spargel aus. Hauptvorgang hierbei soll die Spaltung von S-Methylmethionin sein, wobei u. a. größere Mengen von Dimethylsulfid entstehen; insgesamt sind weit über 100 aromawichtige Inhaltsstoffe des Spargels bekannt.

Eine auch vom Aroma her interessante Gemüseart sind die *Pilze*. So produzieren einzelne Pilzarten in durchaus bemerkenswerten Mengen 5-Guanosinmonophosphat (GMP), den unter 2.2.4.4 beschriebenen Geschmacksverstärker. Die Verbindung soll für den fleischigen Geschmack einer in Japan sehr geschätzten Speisepilzart *(Lentinus edodes)* verantwortlich sein. Dieser Pilz produziert auch das nach ihm benannte Lenthionin, ein cyclisches 1,2,3,5,6-Pentathiapan, dessen Formel in Abb. 36 wiedergegeben ist und das für den typischen Geruch dieses Pilzes verantwortlich sein soll.

Ganz neu ist im übrigen eine Entwicklung, bei der die *biotechnologische Produktion von Aromastoffen* durch Zusatz der spezifischen Vorstufen zu Gewebekulturen bestimmter Pflanzen erfolgt; mit Hilfe solcher Verfahren hofft man, natürliche Aromata im technischen Maßstab herstellen zu können.

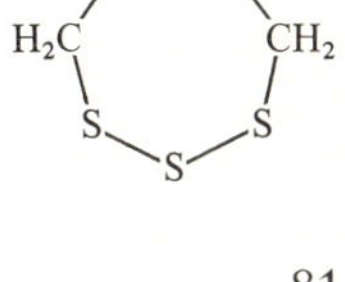

Abb. 36. Lenthionin = 1,2,3,5,6-Pentathiapan

3.3.2.3 Kartoffeln

Zwar hat die Bedeutung der Kartoffel für den Deutschen Michel, wie sie in der aus dem Jahre 1932 stammenden Karikatur der Abb. 35 dargestellt ist, nachgelassen, denn der Verbrauch an Kartoffeln sank von 1960 bis 1982 von 128 kg/Kopf und Jahr auf 74 kg/Kopf und Jahr. Nichtsdestoweniger sind die Kartoffeln nach wie vor das in den weitaus größten Mengen verzehrte Gemüse. Allerdings ist der Verbraucher dabei immer wählerischer geworden, denn bei den sozusagen „reinen" Speisekartoffeln (Salzkartoffel, Pellkartoffel) sind es heute nur noch 51 kg gegenüber 125 kg im Jahre 1960, wogegen die Menge der verzehrten sogenannten Kartoffeledelerzeugnisse (wie Pommes frites, vorgefertigte Kartoffelklöße, Knödel, Bratkartoffeln usw.) von 3 auf 23 kg/Kopf und Jahr stieg.

Rohe Kartoffeln ißt kein Mensch. Die Stärke aus rohen Kartoffeln ist im übrigen für den Menschen auch nicht verdaulich. Die Kartoffel muß also stets einer Hitzebehandlung unterworfen werden, bevor sie gegessen werden kann. Die normal gekochte Kartoffel, die *Pellkartoffel,* ist relativ neutral im Hinblick auf Geruch und Geschmack, enthält aber auch typische Geschmacks- und Geruchssubstanzen. Solms hat mit seinen Mitarbeitern festgestellt, welche Substanzen einen direkten Geschmackseffekt haben und auch inwieweit flüchtige Substanzen zum Aroma insgesamt beitragen. Dabei spielen insbesondere freie Aminosäuren und einige Nukleotide eine große Rolle, wobei speziell Glutaminsäure und Asparaginsäure sowie GMP, AMP und IMP und andere Nukleotide bedeutsam sind. Interessant ist dabei, daß der größte Teil dieser Nukleotide erst durch das Kochen gebildet wird: GMP ist z. B. in rohen Kartoffeln überhaupt nicht vorhanden, während in gekochten Kartoffeln durchaus 60 und mehr µM/kg vorkommen können. AMP wurde zwar in geringen Mengen in der rohen Kartoffel nachgewiesen, es wird aber durch das Kochen etwa verzwanzigfacht. Zurückzuführen ist dies auf die Anwesenheit von Enzymen, die Ribonukleinsäuren abbauen. Die in der Kartoffel in wechselnden Mengen vorkommenden Zucker Glucose, Fructose und Saccharose tragen kaum zum Geschmack bei, so lange die Kartoffeln bei Temperaturen über +4 °C gelagert werden. Unterhalb dieser Temperatur tritt die bekannte Verzuckerung ein und der süße Fehlgeschmack auf. Auch die Proteine der Kartoffeln sind geschmacklos, ebenso wie die Stärke als solche, die aber als Einschlußmedium für flüchtige Aromastoffe dienen kann (s. Seite 57), was durchaus einen Einfluß auf das Aroma gekochter Kartoffeln haben kann. Ein wichtiger Aromastoff ist auch Methional.

Der Beweis für die bedeutende Rolle von Glutaminsäure bzw. der anderen in Kartoffeln frei enthaltenen Aminosäuren sowie die Wichtigkeit der Nukleotide wurde auch dadurch geliefert, daß sensorische Tests mit

Kochsalz und Glutamat bzw. Kochsalz + Glutamat + Nukleotide in Mengen, wie sie in Salzkartoffeln vorkommen, zeigten, daß hiermit ein *kartoffel-ähnliches Geschmackserlebnis* erzeugt werden konnte. Die „Kartoffelähnlichkeit" wurde noch verstärkt, wenn man neben Glutamat und Nukleotiden auch die übrigen in Kartoffeln gefundenen Aminosäuren in den entsprechenden Mengen den Testproben zumischte, wobei keine additive, sondern eine synergistische Geschmacksverstärkung beobachtet werden konnte. Die Kartoffel ist also ein gutes Beispiel dafür, daß das Aroma von nichtflüchtigen und flüchtigen Verbindungen gemeinsam gebildet wird und daß die nichtflüchtigen Inhaltsstoffe von entscheidender Bedeutung sein können.

Eben aus diesem Grunde soll nicht weiter auf die vielfach untersuchten flüchtigen Substanzen in gekochten Kartoffeln eingegangen werden, ebenso wie es unmöglich ist, auch nur andeutungsweise das Aroma der vielerlei Kartoffel-Edelerzeugnisse in seiner chemischen Natur zu beschreiben und zu erläutern. Es sei nur erwähnt, daß für das *Bratkartoffelaroma* verschiedene Pyrazine verantwortlich sein sollen; am Rande sei vermerkt, daß man einem Kartoffelsalat, der eine Woche lang bei 3 °C gelagert worden war, mit Hilfe von 0,2 ppm 2-Methoxy-3-ethylpyrazin seinen ursprünglichen Wohlgeschmack wieder zurückgeben konnte.

3.3.2.4 Brot

Einleitung. Brot ist ein wesentliches Grundnahrungsmittel der Menschheit. Deshalb wundert es nicht, daß es zahlreiche „Variationen" von Brot und Backwaren gab und gibt. Schon die alten Griechen unterschieden grundsätzlich zwischen gesäuertem und ungesäuertem Brot, welches aus feinem Weizenmehl hergestellt wurde. Daneben kannte man Brot aus Einkorn, Dinkel und Hirse. Es werden mehr als 50 Brotsorten genannt, wobei außer den einfachen Arten von Ofenbrot und in heißer Asche gebackenem Brot auch schon Waffeln, Mohn- und Sesambrot erwähnt werden. Die Römer übernahmen diese Backkultur, gingen aber später immer mehr zur Verwendung von „richtigem" Brotweizen über; daraus hergestelltes gesäuertes Brot bildete die eigentliche Ernährungsgrundlage. Nach Plinius gab es bereits 173 v. Chr. gewerbsmäßige Bäcker; Müller sind noch früher nachgewiesen. In Pompeji wurden neben Brot auch schon feinere Backwaren erzeugt. Allerdings, eines scheint sicher zu sein: Die alten Römer kannten noch keine Makkaroni oder Spaghetti, die ja das Nationalgericht ihrer Nachkommen geworden sind.

Bei dieser Bedeutung des Brotes verwundert es nicht, daß es schon frühzeitig geschäftstüchtige Bäcker gab, die mit unerlaubten Mitteln ihren Ver-

Abb. 37

dienst erhöhen wollten. So erlagen im Mittelalter immer wieder Bäcker der Versuchung, zur Erhöhung des Gewichtes ihres Brotes und damit zur Erhöhung ihres Verdienstes dem Mehl Sand oder Gips zuzumischen oder das Gewicht unter die von der jeweiligen Bäckerinnung angegebenen Grenzen zu senken. Dies wurde hart bestraft; Verbannung auf Zeit, Gefängnis oder der Pranger, das war die Auswahl der Strafen. Im Wiederholungsfalle war es üblich, den Schuldigen der sogenannten „Bäckertaufe" zu unterziehen, wie dies in Abb. 37 dargestellt ist.

Dies war kein harmloses Erfrischungsbad: Es kamen immer wieder Todesfälle vor, weil der Käfig nicht rechtzeitig wieder hochgezogen wurde!

Sehr verwunderlich erscheint einem gesetzestreuen Deutschen, daß in der Sammlung der lebensmittelrechtlichen Gesetze und Verordnungen kein Gesetz, keine Verordnung über Brot existiert. Zwar gab es bis zum 22. 12. 1981 ein „Brotgesetz", es wurde aber mit diesem Datum außer Kraft gesetzt. Reste finden sich in der neuen Lebensmittelkennzeichnungsverordnung und in der Lebensmittelverkehrsverordnung. Sollte also der Hang der deutschen Gesetzgebung zur absoluten Vollständigkeit bei einem so wichtigen Grundnahrungsmittel nicht zum Tragen gekommen sein? Was die gesetzliche Seite anbetrifft, so ist dies der Fall. Aber auf einer ganz anderen Seite – was als sehr positiv zu bewerten ist –, nämlich im Bereich der mehr oder weniger freiwilligen Vereinbarung über den „guten Handelsbrauch", hat die „Ordnungswut", die Liebe zur Systematik des Deutschen fröhliche Urstände erlebt: Die Deutsche Landwirtschaftsgesellschaft (DLG) hat nach umfangreichen Vorarbeiten 1977 eine Systematik der Backwaren – darunter versteht man Brot einschließlich Kleingebäck, sowie Feine Backwaren einschließlich Dauerbackwaren – herausgebracht, welche die Vielfalt dessen, was man bei uns unter diesen Begriffen kaufen kann, darlegt. Als Beispiel möge Abb. 38 dienen, welche die Vielfalt der Brotsorten in systematisch geordneter Form wiedergibt.

Wenn man sich dann noch vergegenwärtigt, daß die Gruppe der Feinen Backwaren in 14 Klassen mit über 100 Arten eingeteilt wird, wobei die Extrudate nicht einmal eingeschlossen sind, so kann man sich ein Bild davon machen, daß es illusorisch wäre, den Versuch zu wagen, eine Zusammenstellung über das Aroma von Backwaren zu erstellen.

Weißbrot-Aroma. Die meisten Untersuchungen über das Brotaroma beschäftigen sich bis jetzt – von wenigen Ausnahmen abgesehen – mit Weißbrot. In einer Untersuchung aus dem Jahre 1977 werden 190 Substanzen als in der Weißbrotkruste gefunden angegeben; 81 davon sind Heterocyclen, 44 Säuren und Phenole, 39 Aldehyde und Ketone, 16 Alkohole, 10 Kohlenwasserstoffe. Es ist absolut sicher, daß man noch sehr zahlreiche weitere Stoffe wird finden können. Das Aroma von Brot kommt aus zwei grundsätzlich verschiedenen Quellen:

1. Das sogenannte *Gäraroma,* das bei der Teigbereitung und -führung durch die Wirkung der zugesetzten Hefe bzw. des Sauerteigs entsteht.
2. Das *Krustenaroma,* das beim Backprozeß durch die Wärmeeinwirkung gebildet wird.

Das *Gäraroma* (S. 88) wird von den in Tabelle 24 (S. 88) genannten Stoffen wesentlich mitbestimmt. Es ist dabei nicht verwunderlich, daß in dieser Liste Ethanol auftaucht, denn daß Hefe Zucker in Alkohol überführt, ist ja bekannt. Die gebildeten Alkohol-Mengen sind übrigens durchaus bemerkenswert: Man fand in der Krume von Weißbrot 3900 ppm, in der Kruste 1800 ppm, das sind immerhin 0,2 bis 0,4%!

Vom Gesamtaroma des Brotes aus gesehen bildet das Gäraroma sozusagen den „Hintergrund". Viel wichtiger ist das *Krustenaroma.* Zwei Gruppen von chemischen Reaktionen sind für die Entstehung des Krustenaromas entscheidend: Einmal die sogenannte Maillard-Reaktion, also die „Nichtenzymatische Bräunung" durch Reaktion von Aminosäuren

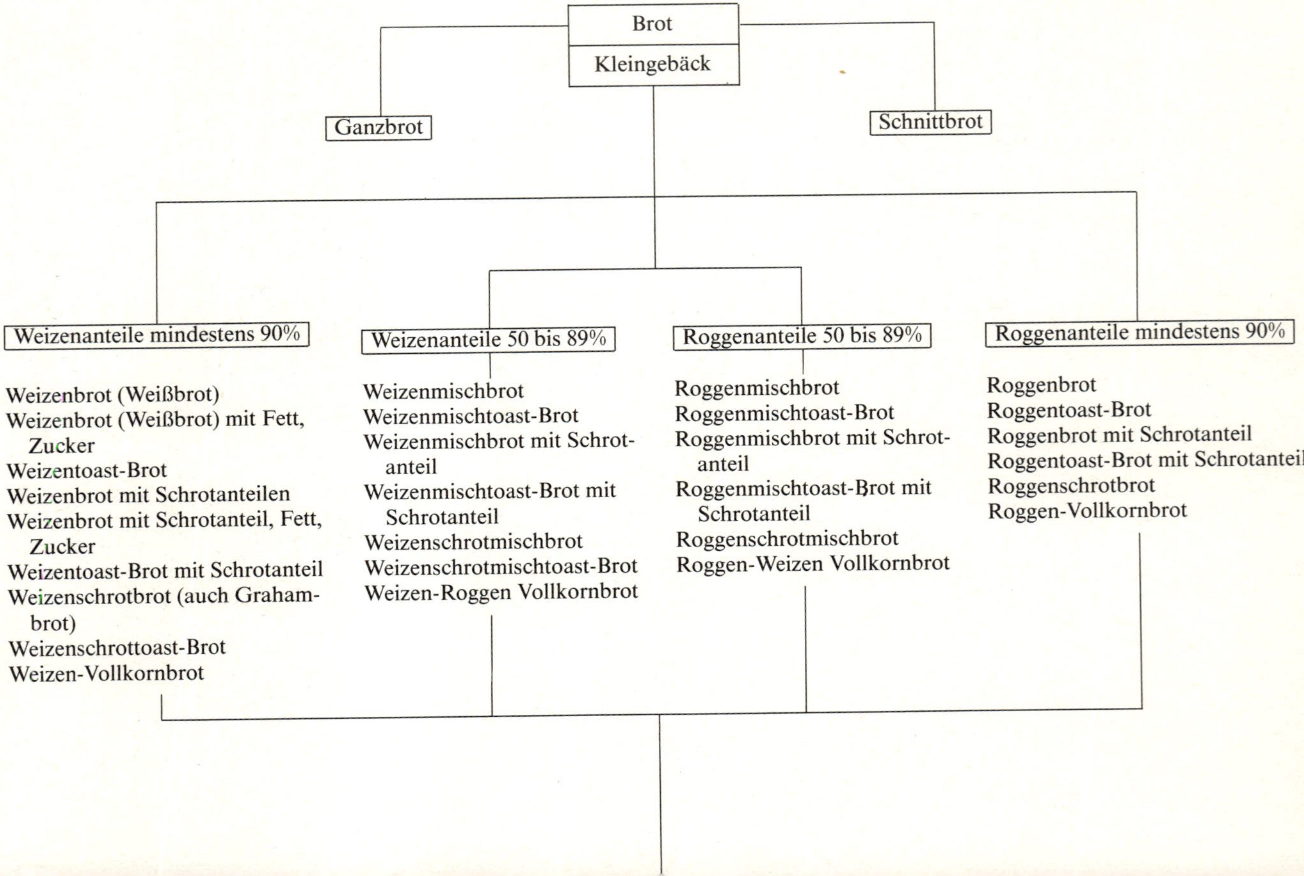
Brot
Kleingebäck
Ganzbrot
Schnittbrot
Weizenanteile mindestens 90%
Weizenbrot (Weißbrot)
Weizenbrot (Weißbrot) mit Fett, Zucker
Weizentoast-Brot
Weizenbrot mit Schrotanteilen
Weizenbrot mit Schrotanteil, Fett, Zucker
Weizentoast-Brot mit Schrotanteil
Weizenschrotbrot (auch Grahambrot)
Weizenschrottoast-Brot
Weizen-Vollkornbrot
Weizenanteile 50 bis 89%
Weizenmischbrot
Weizenmischtoast-Brot
Weizenmischbrot mit Schrotanteil
Weizenmischtoast-Brot mit Schrotanteil
Weizenschrotmischbrot
Weizenschrotmischtoast-Brot
Weizen-Roggen Vollkornbrot
Roggenanteile 50 bis 89%
Roggenmischbrot
Roggenmischtoast-Brot
Roggenmischbrot mit Schrotanteil
Roggenmischtoast-Brot mit Schrotanteil
Roggenschrotmischbrot
Roggen-Weizen Vollkornbrot
Roggenanteile mindestens 90%
Roggenbrot
Roggentoast-Brot
Roggenbrot mit Schrotanteil
Roggentoast-Brot mit Schrotanteil
Roggenschrotbrot
Roggen-Vollkornbrot

Spezialbrote

mit besonderen Getreidearten („Nicht Brotgetreide“)
- z. B. Dreikornbrot
  - Vierkornbrot
  - Fünfkornbrot

aus besonders bearbeiteten Mehlerzeugnissen
- z. B. Steinmetzbrot
  - Schlüterbrot

mit besonderen Teigführungen
- z. B. Simonsbrot
  - Loosbrot

mit besonderen Backverfahren
- z. B. Holzofenbrot
  - Steinofenbrot
  - Dampfkammerbrot
  - Gersterbrot
  - Trockenflachbrot
  - Pumpernickel

mit besonderen Zugaben tierischen Ursprungs
- z. B. Milchbrot
  - Milcheiweißbrot
  - Sauermilchbrot
  - Buttermilchbrot (mit sauren Milcherzeugnissen)
  - Joghurtbrot (mit sauren Milcherzeugnissen)
  - Kefubrot
  - Quarkbrot
  - Butterbrot
  - Molkebrot

mit besonderen Zugaben pflanzlichen Ursprungs
- z. B. Weizenkeimbrot
  - Malzbrot
  - Leinsamenbrot (mit Ölsamen)
  - Sesambrot (mit Ölsamen)
  - Rosinenbrot
  - Gewürzbrot
  - Kleiebrot

mit verändertem Nährwert
- Eiweißangereichertes Brot
- Kohlenhydratmindertes Brot
- Kalorienvermindertes Brot

Diabetische Brote
- Eiweißarmes Brot (Stärkebrot)
- Glutenfreies (gliadinfreies) Brot
- Diabetiker-Brot
- Natriumarmes (kochsalzarmes) Brot

Vitaminiserte Brote

Abb. 38. Einteilung der Brote

Tabelle 24. Für das „Gäraroma“ von Weißbrot wichtige Verbindungen, nach abnehmender Aromawirksamkeit geordnet (nach Belitz und Mulders)

Acetaldehyd	Dimethylsulfid
Dimethyldisulfid	1,1-Dioxiethan
Ethanol	3-Methylbutanal
2-Methylpropanal	2-Methyl-1-propanol
3-Methyl-1-butanol	2-Propanon

mit reduzierenden Zuckern und – etwas weniger wichtig – Karamelisierungsreaktionen der vorhandenen Zucker. Die Zahl der möglichen Reaktionsprodukte ist astronomisch; nur ein kleiner Teil der Reaktionswege ist bisher aufgeklärt. Auch die Geruchs- und Geschmacksrichtungen, die z. B. bei der Maillard-Reaktion entstehen können, sind ungeheuer vielfältig. Aus neueren Untersuchungen seien nur einige wenige Beispiele genannt:

Die Reaktion von *Methionin* mit Ribose gibt eine nussige Geschmacksrichtung; nimmt man Xylose, so wird der Geschmack kartoffelig, mit Rhamnose riechts und schmeckts nach Hähnchen, mit Fructose nach Apfel und mit Lactose nach gerösteten Nüssen bzw. Bratkartoffeln.

Nimmt man statt Methionin *Cystein,* so kommt man – in der selben Reihenfolge – zu: gummiartig, fleischähnlich, tierisch und nach Schwefelwasserstoff. Diese kurze, willkürlich aus der Literatur herausgegriffene „Geschmacksfolge“ soll nur demonstrieren, was alles allein bei der „Nichtenzymatischen Bräunung“ passieren kann, wie viele Möglichkeiten aufgrund der im Brot vorliegenden Verbindungen, aufgrund der verschiedenen angewendeten Temperaturen und Backzeiten und der vielfältigen sonstigen Variablen beim Brotbacken bestehen. Dies zeigt aber auch, daß die Aufzählung großer Listen von Verbindungen, die in der Kruste von Weißbrot schon gefunden worden sind, wenig nützlich wäre. Mulders und Mitarbeiter haben z. B. sehr umfangreiche gaschromatographische Untersuchungen zum *Geruch von Weißbrot* durchgeführt, eine große Zahl von flüchtigen Verbindungen getrennt und identifiziert und auch in ähnlicher Weise, wie bei Heidelbeeren beschrieben, durch Schnüffeltechnik „zugeordnet“. Dabei kam der erstaunliche Befund heraus, daß beim Schnüffeln an einer Stelle, an der im Gaschromatogramm überhaupt kein Peak zu finden war, der typische Brotgeruch erschnüffelt werden konnte! Spätere Untersuchungen mit empfindlicheren Methoden zeigten, daß der Hauptbestandteil dieser Fraktion 2-[(Methyldithio)-methyl]-furan war. Dies ist eine sehr geruchsintensive Substanz mit typischem Brotaroma und sehr niedriger Geruchsschwelle. Sie ist unbeständig und zerfällt in Dimethyldisulfid und Difurfuryldisulfid, wie in Abb. 39 dargestellt ist.

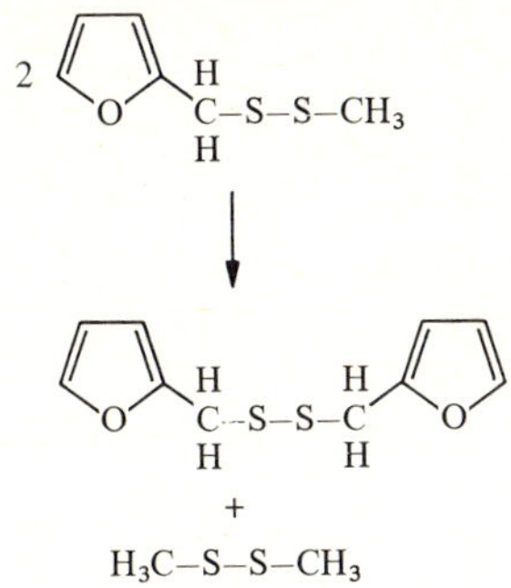

Difurfuryl-disulfid

Dimethyl-disulfid

Abb. 39. Zerfall von 2-[(Methyldithio)methyl]-furan

Es ist bekannt, daß Brote und Kleingebäck kurze Zeit, nachdem sie den Backofen verlassen haben, besonders angenehm duften und gut schmekken. Die Veränderung im Geruchs- und Geschmackseindruck ist während der ersten Stunden am stärksten, setzt sich aber auch während der Lagerung der Backwaren fort. Die eben beschriebene Reaktion, aber auch die unterschiedliche Flüchtigkeit sonstiger Aromakomponenten und die damit verbundene Verschiebung des Gesamtaromaspektrums sowie eine Diffusion von der Kruste in die Krume, oxidative Veränderungen, Adsorptions- und Einschlußvorgänge an Stärke und Eiweiß sind gemeinsam für das Nachlassen des Aromas bei der Lagerung von Brot bestimmend. Es ist noch nicht gelungen, auf „künstlichem" Wege ein zufriedenstellendes Brotaroma zusammenzustellen, das dem beim Backprozeß entstehenden Aroma einigermaßen vergleichbar ist.

Am Rande sei vermerkt, daß die eigentlichen *Bräunungsstoffe,* die als „Endprodukte" bei der nichtenzymatischen Bräunung auftreten, die sog. Melanoidine, an sich relativ wenig aromawirksam sind. Die Aromastoffe sind Zwischenprodukte und auch Abbauprodukte. Im übrigen wird durch die Krustenbildung erreicht, daß trotz Backtemperaturen von z. T. weit über 200 °C in der Krume maximal 100 °C erreicht werden; hier passiert also relativ wenig, denn die Karamelisierung z. B. tritt erst ab etwa 150 °C ein.

3.3.3 Tierische Lebensmittel

3.3.3.1 Fleisch

Schon zu den Zeiten des alten Griechenlands waren Menge und Qualität des bei einem Mahle angebotenen Fleisches ein Wertmesser für den Reichtum der Gastgeber und für die Bedeutung des Anlasses zum Mahle.

Besonders geschätzt waren die saftigen Rückenstücke, also die Filets, vom Rind und auch vom Schwein. Daneben liest man immer wieder von geschlachteten Schafen.

Bei uns hängt der Spruch „Fleisch ist ein Stück Lebenskraft" in allen Metzgereien, taucht in vielen Anzeigen auf und mag sehr werbewirksam sein, als Definition für den Begriff „Fleisch" taugt er jedoch nicht. Die im „Deutschen Lebensmittelbuch" gegebene „amtliche" Definition überrascht den Laien aber auch, denn dort steht:

> „Fleisch sind alle Teile von geschlachteten oder erlegten warmblütigen Tieren, die zum Genuß für Menschen bestimmt sind".

Demnach ist auch Schweinefett ein Fleisch, ja sogar – um ein krasses Beispiel zu nennen – das sogenannte „Kesselfett", also das beim Kochen von fettgewebe-haltigen Tierkörperteilen austretende gesondert erfaßte Fett, wäre darunter zu subsumieren. Diese Definition ist aus rein gesetzestechnischen Gesichtspunkten entstanden, weil man auch alle Fleisch-Erzeugnisse unter einem „Gesetzeshut" zusammenbringen wollte. Deshalb steht auch in den Leitsätzen direkt nach der eben gegebenen Definition:

> „Bei der gewerbsmäßigen Herstellung von Fleischerzeugnissen wird unter „Fleisch" nur Skelettmuskulatur mit anhaftendem oder eingelagertem Fett und Bindegewebe sowie eingelagerten Lymphknoten, Nerven, Gefäßen und Schweinespeicheldrüsen verstanden".

Für die nachfolgenden Angaben zur Chemie des Fleischaromas gilt als Fleisch nur die eben erwähnte Skelettmuskulatur, wobei zu berücksichtigen ist, daß es nur Fleisch mit verschiedenem Fettgehalt gibt; ein sozusagen „reines Fleisch" ohne Fett existiert nicht.

Es ist hier nicht der Ort, über die vielfältigen Definitionen, die es beim Fleisch gibt, zu diskutieren, z. B.

- *sehnen- und fettgewebsarmes Rindfleisch,* worunter man Skelettmuskulatur des Rindes, die von Natur aus sehr wenig Bindegewebe und Fettgewebe enthält, oder deren Gehalt an diesen Geweben durch Ausschneiden (Entsehnen) entsprechend verringert worden ist, oder
- *sehnenreiches Rindfleisch,*
- *grob entfettetes Schweinefleisch,*
- *Bindegewebe* (das ist Gewebe, dessen Eiweißanteil überwiegend aus Bindegewebseiweiß, wie Collagen und Elastin, besteht).
- *Sehnen* (worunter man straffe Bindegewebe versteht)
- *Eisbeine,*
- *Schweinemasken* usw.

Rohes Fleisch, vom Menschen praktisch nicht gegessen, wird als fast geschmacklos (leicht süßlich) bezeichnet. Die bekannte Ausnahme, das *Tartar*, bestätigt diese Angabe nur, denn dieses muß ja mit Essig, Öl und Gewürzen „angemacht" werden, wobei der geschmacklichen Phantasie kaum Grenzen gesetzt sind.

Befaßt man sich also mit Fleischaroma, so meint man darunter wärmebehandeltes Fleisch, „gegartes" Fleisch, wobei die verschiedenartigsten Garmethoden wie Knochen, Braten, Sterilisieren in all den vielen verschiedenartigen Variationen angewendet werden können. Berücksichtigt man bei diesen Prozessen die Möglichkeit der zusätzlichen Würzung, so verwundert die Vielfalt der Geschmacksnuancen nicht, die man z. B. auch bei einem „nur einfachen" Schweinebraten beobachten kann. Mit anderen Worten, es ist nicht möglich, ein „Schweinebratenaroma" zu definieren, man kann nur versuchen, festzustellen, welche Verbindungen am Aroma von gekochtem, gebratenem, gedünstetem usw. Fleisch beteiligt sind.

Das Fleischaroma ist wieder ein Beispiel dafür, daß man nicht nur die flüchtigen Bestandteile betrachten darf. Es ist aus nichtflüchtigen Geschmacksstoffen, aus Geschmacksverstärkern und aus flüchtigen Aromastoffen zusammengesetzt, wobei die Bedeutung der einzelnen Gruppen für das Gesamtaroma je nach Zubereitungsart durchaus verschieden sein kann.

Hauptbestandteile des Fleisches sind Eiweiß (wozu aber auch Peptide und freie Aminosäuren gezählt werden), Fett und Wasser. Allerdings wird die Menge des enthaltenen Eiweißes häufig überschätzt: Manche Verbraucher glauben, Fleisch sei reines Eiweiß (woran die Werbung nicht unschuldig ist). Tabelle 25 zeigt an Beispielen, wie es wirklich ist.

Tabelle 25. Zusammensetzung von Fleisch (verschiedene Tierarten und Teilstücke) in % (nach Souci-Bosch „Lebensmitteltabellen", 2. Aufl. 1978)

Tierart	Teilstück	Wasser	Eiweiß	Fett
Schwein	Filet	70	19	10
	Bauch	46	12	42
Rind	Filet	77	19	4
	Hochrippe	64	19	17
Huhn	Brust	76	23	1
Reh	Keule	78	21	1

Man sieht, daß der Hauptbestandteil praktisch immer *Wasser* ist. Die Höhe des Wassergehaltes hängt weitgehend vom Fettgehalt ab. Der Eiweißgehalt beträgt nur 10 bis 25%. Am fettesten ist im allgemeinen Schweinefleisch. Fettes Rindfleisch wird kaum als solches verwendet. Extrem fettarm ist ganz allgemein Wildfleisch; aber auch beim Huhn enthält das Brustfleisch nur wenig Fett. Allerdings muß ausdrücklich gesagt werden, daß die in Tabelle 25 enthaltenen Werte keinesfalls verallgemeinert werden dürfen; sie geben nur Tendenzen wieder.

Das Aroma des zubereiteten Fleisches entsteht durch Wärmeeinwirkung auf das Eiweiß, auf das Fett und auf sonstige, im Fleisch noch in geringen Mengen vorhandene Stoffe. Wechselwirkungen zwischen den Stoffgruppen sind wahrscheinlich ebenfalls möglich. Grundsätzlich kann man sagen, daß im wesentlichen die löslichen Stoffe des Fleisches für die sensorischen Eigenschaften, für das Aroma verantwortlich sind und zu einem guten Teil den Genußwert des Fleisches bedingen. Deswegen schmeckt „Liebigs Fleischextrakt" auch so aromatisch!

Im übrigen zeigt die „Erfindung" des *Fleischextraktes durch Liebig,* daß damals auch hochberühmte Chemiker durchaus prosaische Dinge taten. Liebig hat das Herstellverfahren kommerzialisieren lassen und hat publizistisch Reklame dafür gemacht, und zwar mit den Erfolgen des Fleischextraktes bei der Behandlung schwächlicher Personen (heute dürfte er das nicht mehr tun, da gesundheitsbezogene Werbung nicht zulässig ist). Interessant ist auch, daß Liebig und Pettenkofer einen Gelehrtenstreit ausfochten, worin nun die Heilwirkung des Fleischextraktes liege. Liebig neigte dazu, den Extraktstoffen des Fleisches den Wert von Nahrungsstoffen mit essentiellem Charakter zuzuschreiben, während Pettenkofer den Genußwert betonte. So schrieb er an Liebig im Jahre 1869 „die Wirkung des Fleischextraktes anlangend fehlt vorläufig noch jeder Beleg durch den Versuch, daß es dem Brote einen Nährwert erteile, den das Brot nicht auch schon ohne Fleischextrakt hat". Die Ansicht von Liebig, daß dem Fleischextrakt auch ein bedeutender Nährwert zuzuschreiben sei, dürfte dadurch erklärbar sein, daß seine Tochter an *Anorexia mentalis,* also an einem Widerwillen gegen jegliche Nahrungsaufnahme, litt und durch Fleischextrakt geheilt worden war. Pettenkofer, sein Schüler, glaubte aber, diese Wirkung sei nur dadurch bedingt, daß der Fleischextrakt ein Genußmittel sei („der Fleischextrakt ist der edelste Vertreter eines Genußmittels"). Im Endeffekt hatten natürlich beide recht: Der Fleischextrakt hat durchaus einen Nährwert, aber auch einen Genußwert und die beiden Kontrahenten einigten sich noch wenige Wochen vor dem Tode Liebigs auf dieser Basis.

Zurück zum Aroma von Fleisch. Wie ist es zusammengesetzt? Solms hat versucht, das Grundsätzliche schematisch zusammenzufassen und hat eine „Fleischaroma-Pyramide" angegeben, wie Abb. 40 zeigt.

Die Vielfalt der flüchtigen Aromastoffe, die im wesentlichen erst bei der Erhitzung entstehen, wirkt mit nichtflüchtigen Geschmacksstoffen zusam-

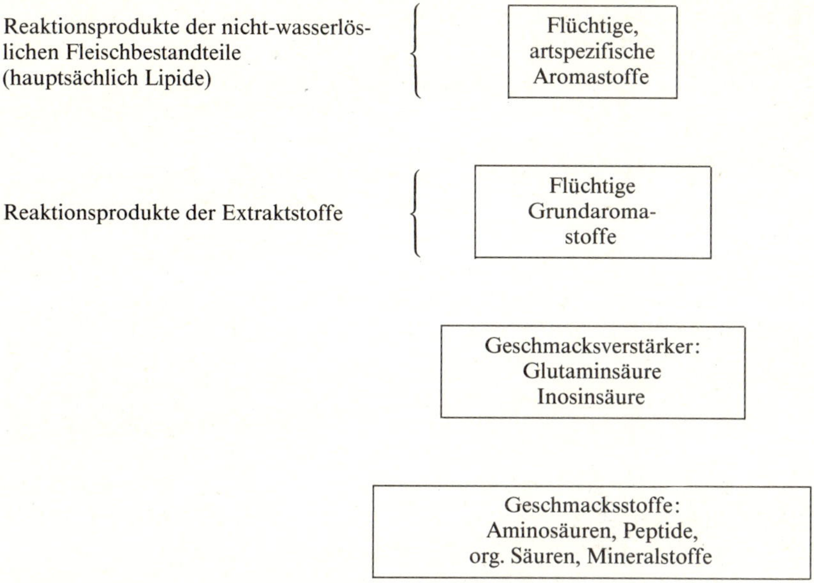

Abb. 40. „Fleischaroma-Pyramide“ nach Solms, geändert nach Sulser

men, um den unverwechselbaren Aromaeindruck „Fleisch“ hervorzurufen. Tierart und Zubereitungsart (gekocht, gedünstet, gebraten, gegrillt) bewirken die Varianten.

Es verwundert deshalb nicht, daß man in der Literatur eine Unzahl von Angaben findet, welche Stoffe alle zum Fleischaroma beitragen sollen, wobei die Angaben, wie wichtig die einzelnen Substanzen für das Fleischaroma sind, naturgemäß sehr stark schwanken. Aus diesen Gründen soll auch hier keine umfangreiche Aufstellung von derartigen Substanzen gebracht werden. Einige chemisch sehr interessante Stoffe, die vielfach als wichtig für das Fleischaroma genannt werden, sind in Tabelle 26 wiedergegeben.

Es fällt auf, daß hier einige – man möchte fast sagen „exotische“ – Schwefelverbindungen enthalten sind. Auch wenn man andere Literaturstellen heranzieht, so sieht man immer wieder, daß schwefelhaltigen Verbindungen, wie z. B. dem Dimethylsulfid – das im übrigen in großer Verdünnung spargel-ähnlich riechen soll – große Bedeutung zugemessen wird. Über die Entstehungsweise solcher Stoffe gibt es viele Modelluntersuchungen, wobei als Ausgangssubstanzen, als Vorstufen, immer wieder die schwefelhaltigen Aminosäuren genannt werden. Die Bedeutung der Fettstoffe im Fleisch darf aber für die Aromabildung keinesfalls vernach-

Tabelle 26. Einige für das Fleischaroma als wichtig bezeichnete Verbindungen (nach Sulser sowie Hofmann und Hamm)

Verbindung	Strukturformel	Aromaeigenschaften
3-Methylthio-propanal (=Methional)	$CH_3-S-CH_2-CH_2-CHO$	Fleischbrühe
1-Methylthio-ethanthiol	$CH_3-S-CH(CH_3)-SH$	Zwiebel, in hoher Verdünnung nach Fleisch
4-Hydroxy-5-methyl-2-dihydrofuran-3-on	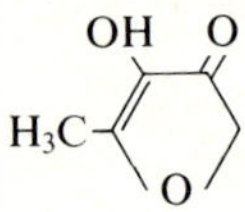	geröstete Zichorie
4-Hydroxy-2,5-dimethyl-2-dihydrofuran-3-on	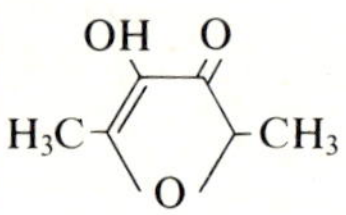	Karamel
2,4,5-Trimethyl-3-Oxazolin	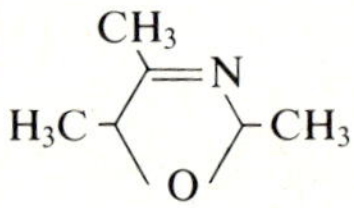	
2-Formylthiophen	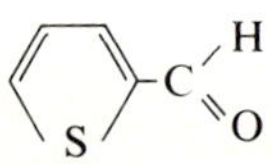	würzig, fleischartig
5-Thiomethylfurfural	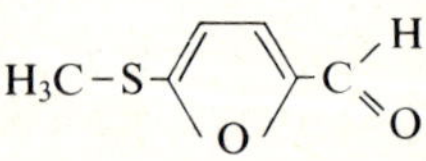	fleischartig
3,5-Dimethyl-1,2,4-trithiolan	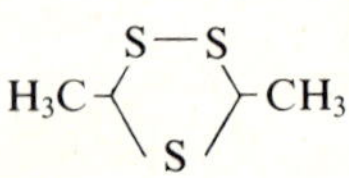	Sulfid-Geruch, in Verdünnung fleischartig

Tabelle 26. (Fortsetzung)

Verbindung	Strukturformel	Aromaeigenschaften
2,4,6-Trimethyl-perhydro-1,3,5-dithiazin (=Thialdin)	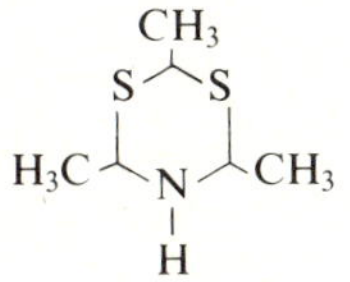	nach Campher
2,4,6-Trimethyl-s-trithian (=„Trithioacetaldehyd“)	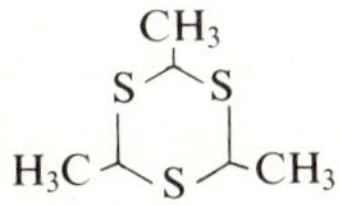	
Mercaptothiophen	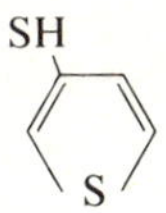	

lässigt werden. Jede Hausfrau weiß, daß ein Braten schmackhafter wird, wenn das Fleisch „marmoriert“ ist, wenn also Fett ins Eiweiß eingelagert ist. Neue Untersuchungen in einem britischen Fleischforschungsinstitut konnten dies beweisen: Wenn man Rind- und Schweinefleisch mit und ohne zugesetztem Fettgewebe erhitzte und dann gaschromatographisch die flüchtigen Stoffe untersuchte, so zeigte sich, daß in den stärker *fetthaltigen Partien mehr Aromastoffe* entstanden waren, als ohne die Fettzugabe. Die Untersucher sagen sogar, daß die von den Lipiden abgeleiteten flüchtigen Stoffe unzweifelhaft die dominanten Komponenten seien. Wahrscheinlich entstünden diese aber nicht aus dem zugesetzten Fett, sondern aus Strukturlipiden, die auch im mageren Fleisch immer vorhanden sind. Diese Ansicht wurde durch eine ganz neue Arbeit eindeutig bestätigt.

Bei Aromakonzentraten aus *gebratenem Rindfleisch,* die außerordentlich schonend gewonnen worden waren, konnte mit der Schnüffeltechnik eine große Zahl von Peaks bestimmten Geruchsrichtungen zugeordnet werden, wobei Bezeichnungen, wie Nuß, Krokant, Waldboden, Mäusestall, Rettich, apfelaromatisch, ranzig, grünes Kraut, grasig, Knoblauch, Sauerkohl, Fischmehl, Kiefernnadel, Meerrettich, Ichtyolsalbe, Urin, Stinkmorchel, Studentenblume usw. usw. gefunden werden. Fleischig trat nirgendwo auf! Dies scheint in einem gewissen Widerspruch zu Angaben in Tabelle 26 zu stehen, der sich auflöst, wenn man daran denkt, daß dort nur bestimmte Einzelsubstanzen als solche genannt sind, während in den zitierten Arbeiten die einzelnen Peaks von aus Fleisch extrahierten Stoffen „geschnüffelt“ wurden. Die in Tabelle 26 genannten Stoffe müssen ja nicht einerseits unbedingt in den erwähnten Aromaextrakten enthalten sein; sie können aber andererseits sich auch unter den zahlreichen Peaks des Gaschromatogramms „versteckt“ haben.

Insgesamt kann man den Stand der Forschung in folgender Weise zusammenfassen:

1. Das Fleischaroma ist der Gruppe 4 der auf Seite 56 definierten Aromagruppen zuzuordnen, d.h. es gibt keine eindeutigen „Character Impact Compounds“.
2. Die in der Literatur teilweise als Schlüsselsubstanzen des Fleischaromas genannten Verbindungen ließen sich nicht sicher bestätigen.
3. In Aromakonzentraten aus erhitztem Rindfleisch konnten bei der gaschromatographischen Schnüffeltechnik keine Peaks mit typischem Fleischgeruch erkannt werden; sammelte man aber das gesamte Eluat aus dem Gaschromatographen wieder in einer Charge, so konnte diese als fleischartig charakterisiert werden.
4. Das Fleischaroma ist sehr komplex zusammengesetzt und gleichzeitig sehr instabil, was die Forschung und die Sicherheit der jeweils erhaltenen Ergebnisse erheblich beeinträchtigt.

3.3.3.2 Fleischprodukte

Nach den Angaben des Ernährungsberichtes 1980 der Deutschen Gesellschaft für Ernährung verzehrt der bundesdeutsche Durchschnittsmann je Tag 198 g Fleisch nach der umfassenden Definition (s. Seite 90, die bundesdeutsche Durchschnittsfrau 149 g. Davon sind 43 bzw. 38% sogenannte Fleischwaren; der Hauptanteil hieran ist Wurst (im weitesten Sinne des Wortes). Es wäre also von der Bedeutung für die Ernährung her gesehen durchaus richtig, auch über die Chemie des Aromas von Fleisch- und Wurstwaren Auskunft zu geben. Da aber einerseits das Aroma von Fleischwaren doch entscheidend von den Gewürzen abhängt, – man kann die Räucherrauch-Inhaltsstoffe im weitesten Sinne des Wortes auch als „Gewürze“ bezeichnen –, und nicht vom Fleisch an sich, und andererseits viele Möglichkeiten bestehen, Fleischwaren verschiedenster Geschmacksrichtung herzustellen (wovon bei uns bekanntermaßen extrem Gebrauch gemacht wird), dann ist es einleuchtend, daß es sinnlos wäre, auch nur zu versuchen, eine „Fleischwaren-Aromastoff-Bilanz“ aufzustellen.

Zwar gibt es z.B. bei den *Wurstwaren* bestimmte Einteilungsprinzipien: Man spricht von Rohwürsten, Brühwürsten und Kochwürsten, je nach der grundsätzlichen Art der Herstellung. Weiter unterscheidet man schnittfeste Rohwürste von streichfähigen Rohwürsten, unterscheidet bei den Brühwürsten zwischen „Brühwürstchen" und „Brühwürste, fein gekuttert" sowie „grobe Brühwurst", die auch Einlagen haben können, wobei es innerhalb dieser Gruppen wieder eine erhebliche Zahl von Typen gibt (für die die handelsübliche Zusammensetzung in groben Zügen festgelegt ist). Dies sind nur ganz wenige Beispiele aus den Leitsätzen des deutschen Lebensmittelbuches. Der Phantasie des einzelnen Fleischermeisters sind praktisch keine Grenzen gesetzt, wenn er seinen „Hausgeschmack" in seine Wurst hineinbringen will.

Auch in den Benennungen der einzelnen Würste scheint manchmal sehr die Phantasie zu walten: Was wir als *Leberkäse* kaufen, ist meistens nur Fleischkäse. Gerade der so bekannte bayerische Leberkäse enthält in der Regel keine Leber! Wenn in den anderen Bundesländern „Leberkäse" auf dem Preisschild steht, dann müßten eigentlich etwa 5% Leber enthalten sein.

Ein zweites Beispiel: Bei *Kalbsleberwurst,* die ja die Spitzenklasse bei den Leberwürsten repräsentiert, müßte man doch annehmen, daß Kalbsleber verarbeitet wird. Mitnichten: Kalbsleberwurst wird normalerweise unter Verwendung von Schweineleber hergestellt, die nebenbei gesagt auch wesentlich aromatischer schmeckt als Kalbsleber; es muß aber Kalbfleisch in der Kalbsleberwurst enthalten sein! Auch gibt es keine Richtlinien, wieviel Leber in Leberwürsten enthalten sein muß; man weiß nur, daß ein Gehalt von 25–30% optimal ist und daß höhere Gehalte mit bitterem Geschmack einhergehen.

Was den typischen *Geschmack von Leber* ausmacht, scheint im übrigen nicht bekannt zu sein. Man weiß zwar,

- daß der Lebergeschmack durch Zusatz von speziellen 3-Furan-alkyldisulfiden verstärkt werden kann, man weiß,
- daß Milz in Leber enthaltenden Lebensmitteln diese teilweise ersetzen kann,
- daß die Behandlung von Blut mit Wasserstoffperoxid zu einem Produkt führt, das den Flavour von Leberpastete verbessern soll, und
- daß bei Rinderleber eine Aldehyd-dehydrogenase für die Geschmacksbildung wichtig ist.

Welche Stoffe aber den typischen Lebergeschmack hervorrufen, ist ungeklärt. Dabei galt Gänseleber schon bei den alten Römern als Delikatesse, insbesondere dann, wenn die Gänse mit Feigen gemästet worden waren, was ein besonders gutes Aroma bewirkt haben soll.

3.3.3.3 Fische

Einleitung. Schon im klassischen Griechenland waren – was nach der geographischen Lage des Landes auch leicht verständlich ist – die eßbaren Tiere des Meeres in der feinen Küche in einer großen Vielfalt vertreten. Die Römer übernahmen diese Vorliebe, ja sie nahmen die in den letzten Jahren bei uns im Aufschwung befindliche „Aquakultur" längst vorweg: So berühmte Leute wie Cicero, Cäsar oder auch Brutus hatten Villen am Meer, zu denen stets eine sogenannte „Piscina" gehörte, worunter man ein großes Becken zur Haltung und Aufzucht von Seefischen verstand. Die Piscinae waren mit allen Raffinessen ausgestattet. Man konnte z. B. jede beliebige Mischung von Süß- und Meerwasser einregulieren. Lucius Lucullus, der in dem Wort „lukullisch" weiterlebt, ließ für seine Villa bei Neapel eigens einen Kanal durch einen Berg graben, um Meerwasser in seine Piscina zu leiten. So wurden Fische zu „Haustieren", und es wird berichtet, daß ein gewisser Quintus Hortensius es nicht fertig brachte, seine Lieblinge zu verspeisen und deshalb die Fische für seine Küche an einem anderen Ort einkaufte. Antonia, die Frau des Drusus, schmückte ihre Lieblingsmuräne mit Ohrringen!

Chemie des Fischaromas. Auch heute hat „der Fisch" – man schätzt, daß es etwa 20000 Fischarten gibt, von denen etwa 1000 als eßbar erwiesen sind – große Bedeutung für die Ernährung. Die Anlandungen liegen im Bereich von 60–70 Mio. t/Jahr. Ein früher und heute so beliebtes Lebensmittel muß sich wohl durch besondere Geruchs- und Geschmackseigenschaften auszeichnen, sonst wäre es nicht so beliebt geworden. Allerdings muß man gleich ein Paradoxon vorwegstellen: Ein Fisch, der stark „nach Fisch" riecht, ist nicht mehr beste Qualität!

Auch beim Fisch muß man zwischen nicht flüchtigen Geschmacksstoffen und flüchtigen Aromastoffen unterscheiden, wenn man den „Flavour" chemisch beschreiben will. Für den Geschmack scheinen Aminosäuren sehr wichtig zu sein; so weiß man, daß bei *Hering, Makrele* und *Thunfisch* das Histidin eine entscheidende Rolle spielt. Weiterhin sind Alanin, Glutaminsäure, Methionin und Valin wichtig; die in merkbaren Mengen vorhandenen 5-Ribonucleotide verstärken den Geschmack. Einige Forscher behaupten allerdings, daß das freie Histidin, das bei bestimmten Fischen rund 80% der gesamten freien Aminosäuren ausmacht, als solches nur wenig zum Geschmack beitragen würde; wichtig sei vielmehr Histidin-Inosinat. Versuche, durch entsprechende Mischungen von Aminosäuren mit 5-Inosinmonophosphat Fischgeschmack künstlich herzustellen, sollen erfolgreich verlaufen sein.

Als flüchtige Aromastoffe hat man vor allem Amine, aber auch Alkohole, Aldehyde und Schwefelverbindungen gefunden. Die Entstehung der

Aldehyde ist interessant: Man weiß, daß das Fischfett sehr hoch ungesättigte Fettsäuren, also solche mit vier bis sechs Doppelbindungen, enthält, die sehr oxidationsanfällig sind. Anoxidierte Polyensäuren plus freie Aminosäuren (besonders wirksam ist freies Lysin) bilden nun in komplizierten Reaktionen Aldehyde mit drei und vier Doppelbindungen, also Trienale und Tetraenale, die zum Beispiel für den charakteristischen Geruch von ranzigem Fischfett verantwortlich sind. Das cis-4-Heptenal ist charakteristisch für einen bei tiefgefrorenem *Kabeljau* manchmal auftretenden Aromafehler, der direkt als „Gefriergeschmack" bezeichnet wird; auch trans-2-cis-4-Heptadienal soll an dieser Geschmacksabweichung beteiligt sein. Entscheidend für den Geruch normaler Fische sind die *Amine,* wobei besonders das Trimethylamin genannt werden muß, das durch bakterielle Proteinasen und Trimethylaminoxidase aus Protein über das Trimethylaminoxid gebildet wird. Die bakterielle Natur dieses Vorgangs ist dadurch bewiesen, daß in steril aufbewahrtem Fischfleisch die Reaktion nicht stattfindet. Verläuft die Reaktion zu lange und zu intensiv, dann kommt man zu dem „nach Fisch riechenden Fisch". Trimethylamin ist aber nicht das einzige Amin. So wurden in Hering 30 verschiedene Amine identifiziert. Als Schwefelverbindungen werden Methyl- und Ethyl-mercaptan, Methyl- und Ethylsulfid, Methyldisulfid, Dimethyldisulfid und Dimethyltrisulfid genannt. 6-Mercaptopurin-9-*β*-D-ribofuranosid-5-pyrophosphatester soll einen typischen „Seetiergeruch" haben. Für den Bratfischgeruch werden Reaktionsprodukte aus mehrfach ungesättigten Fettsäuren bzw. deren Oxidationsprodukte mit Lysin aus dem Fischeiweiß verantwortlich gemacht.

3.3.3.4 Krabben

Aus der Vielzahl weiterer sog. „Meeresfrüchte", wie Krebse, Muscheln und Tintenfische, soll kurz auf Krabben eingegangen werden, weil hierüber 1979 sehr interessante und umfangreiche Untersuchungen publiziert worden sind. Danach konnte durch Lösung von insgesamt 44 Substanzen, davon 22 Aminosäuren, Geschmacksverstärkern, zwei sonstigen organischen Säuren und vier Salzen der Geschmack von gekochtem Krabbenfleisch sehr genau simuliert werden. Vereinfacht sind die Verhältnisse in Abb. 41 dargestellt.

Danach bildet ein begrenzter Teil von Verbindungen, wie Glycin, Glutaminsäure, Arginin, AMP, GMP, Natrium- und Chlorid-Ionen den „Kern" des Krabbengeschmacks. Dieser wird spezifisch verstärkt durch Komponenten wie Alanin, Betain, Kalium- und Phosphat-Ionen, möglicherweise auch CMP. Die anderen Verbindungen dienen im geringen Umfange als Geschmacksverstärker.

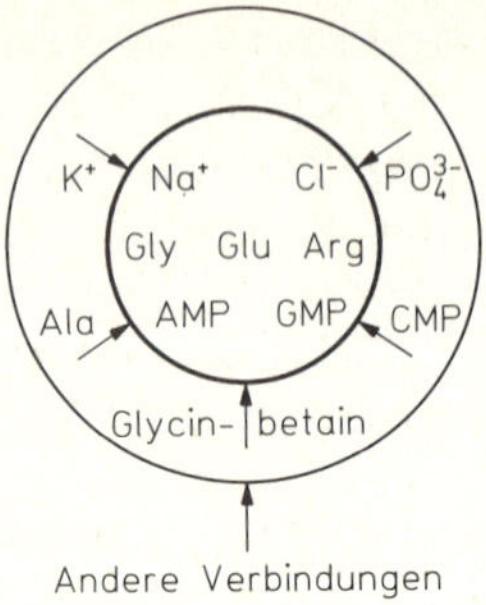

Abb. 41. Modell für die „Konstruktion" des Krabbengeschmacks (nach Konosu S (1979))

3.3.3.5 Milch

Einleitung. Betrachtet man eine grasende oder wiederkäuende Kuhherde, so vermittelt dies den Eindruck von Gelassenheit und Frieden. Wohl kaum jemand denkt daran, daß eine Kuh zur Produktion von 10 l Milch etwa 40 kg Gras abrupfen, kauen, einspeicheln, schlucken, wiederkäuen, nochmals einspeicheln und wieder schlucken muß. Um die 40 kg Gras zu bekommen, muß die Kuh ca. 50 m^2 abweiden. Was das für eine Arbeitsleistung ist, kann man ermessen, wenn man sich vorstellt, man müßte diese Fläche mit einem höchstens „kuhmaulbreiten" Rasenmäher mähen. Allein in Schleswig-Holstein weiden rund 500000 Kühe und diese „500000-mäulige Milchkuh-Mähmaschine" verarbeitet täglich 5000 ha Rasen, was einer Fläche von etwa 10000 Fußballfeldern entspricht. Und aus diesem Gras „machen" die Kühe dann u.a. Milchfett, Milcheiweiß, Milchzucker, um nur die wichtigsten Inhaltsstoffe der Milch zu nennen.

Chemie von Geruch und Geschmack der Milch. Milch als solche ist relativ geschmacks- und geruchsneutral. Der typische Geschmack wird durch das Vorhandensein der eben genannten Inhaltsstoffe bedingt. Flüchtige geruchsaktive Stoffe über der Oberfläche von Milch sind nicht bekannt, solange die Milch frisch und einwandfrei ist. Durch Verarbeitung und während der Lagerung können aber verschiedene Geruchs- und Geschmacksfehler auftreten, deren Ursachen man kennt. So wird der *„Lichtgeschmack"*, der beim Stehenlassen von Milch am Sonnenlicht sehr schnell entsteht, durch Methional bedingt, das durch Photooxidation von Methionin mit Riboflavin als Sensibilisator gebildet worden ist.

Eine bestimmte Art des *„Kochgeschmackes"*, der beim Erhitzen entsteht, ist durch Benzothiazol bedingt. Am Kochgeschmak ist aber auch H_2S beteiligt; die Zahl der analytisch erfaßbaren freien SH-Gruppen wird erheblich erhöht. Weitere Schwefelverbindungen wie Methylsulfid und Dimethylsulfid spielen eine Rolle: Beim Erhitzen von Rohmilch auf 100 °C für 30 Minuten steigt z.B. der Dimethylsulfid-Gehalt von 0,001 mg auf 0,006 mg/kg; Erhitzung im Autoklaven auf 120 °C für 15 Minuten ergibt 0,01 mg/kg.

Der *Milchfehler* „muffig-erdig“ wird durch ein Pyrazin hervorgerufen. Während der Lagerung können noch weitere lichtinduzierte Stoffe entstehen; Schlüsselsubstanzen sollen hierbei Acetaldehyd, Methylsulfid, Pentanal und Hexanal sein.

Der manchmal auftretende *„Kuhstallgeruch“* ist auf die Anwesenheit von Methylsulfid, Aceton und Schwefelwasserstoff zurückzuführen. Milch mit dieser Geruchs- und Geschmacksabweichung wird erstaunlicherweise von manchen Verbrauchern als positiv beurteilt, wie jahrelange Versuche in einem milchwirtschaftlichen Praktikum an einer landwirtschaftlichen Hochschule ergeben haben: Wurde den Studenten frische pasteurisierte Milch, die einen winzigen Zusatz von frischem Kuhmist erhalten hatte, zum Beliebtheitstest (s. Kapitel 4) vorgesetzt, so erhielt diese Milch von dem überwiegenden Teil der Prüfer das Prädikat „vollmundig“.

In manchen Fällen gehen Geruchs- und Geschmacksstoffe auch aus *Futtermitteln* direkt oder über Pansen und Blutkreislauf in die Milch über, wie bestimmte aliphatische Alkohole, Fettsäureethylester und Aldehyde, insbesondere 2-Methylpropanal. Nachgewiesen ist auch, daß aus der Stall-Luft, bedingt durch die Futtermittel, direkt cis-Hexenal, Methylsulfid, Aceton, Hexanon, Ethyl- und Butylester von Fettsäuren in die Milch übergehen und einen futtrigen Geruch hervorrufen können. Dasselbe gilt für den *Lauchgeschmack,* der durch Allylsenföl bedingt ist, und für den *Silagegeruch,* wofür Aceton und Buttersäure hauptverantwortlich sein sollen. Der sog. *Oxidationsgeschmack* wird durch Aldehyde wie Hexanal, Nonanal und Aldehyde mit 13 bis 16 C-Atomen sowie durch Methional (3-Methylmercapto-Propionaldehyd) bewirkt. Dieser als *Oxidationsranzigkeit* bezeichnete Milchfehler muß eindeutig von der *„Fettranzigkeit“* unterschieden werden, die durch enzymatische Hydrolyse des Milchfettes unter Bildung freier Fettsäuren bedingt ist; hier sind die Fettsäuren mit 4–12 C-Atomen wichtig, was keinen Chemiker verwundert, der einmal Buttersäure und Capronsäure gerochen hat.

3.3.3.6 Milchprodukte

Butter. Bei Butter ist grundsätzlich zwischen Süßrahmbutter und Sauerrahmbutter zu unterscheiden. Erstere wird durch intensive mechanische Bearbeitung von frischem, durch Zentrifugieren gewonnenem süßem Rahm erhalten. Ihr Geschmack wird weitgehend durch die Fettphase, die

82% ausmacht, bedingt; einen gewissen Anteil am rahmigen Geschmack hat auch cis-4-Heptanal. Insgesamt schmeckt und riecht Süßrahmbutter wenig intensiv. Dies ist anders bei *Sauerrahmbutter*, bei der vor der Verbutterung – ebenfalls durch mechanische Bearbeitung, die aber längst nicht so intensiv ist – der Rahm mit bestimmten Kulturen säurebildender Bakterien versetzt wird (dem sog. Säurewecker). Nach Erreichen eines bestimmten Säuregrades, also nach Bildung durch Erfahrung festgelegter Milchsäure-Mengen, ist der Sauerrahm butterungsreif. Bei der bakteriellen Säuerung entstehen Stoffe, die das typische Butteraroma hervorrufen, wobei als „Character impact compound" das Diacetyl zu nennen ist, das aus Acetoin entsteht (s. Abb. 42).

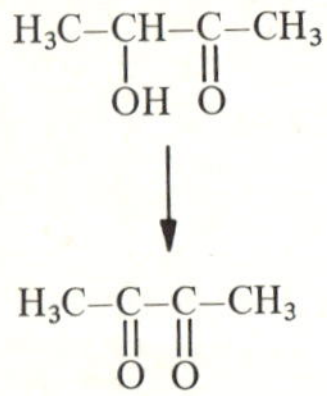

Abb. 42. Bildung von Diacetyl aus Acetoin

Das *Acetoin* ist ein typisches Stoffwechselprodukt bestimmter Milchsäurebakterien, die im Säurewecker vorhanden sind. Der Reaktionsweg verläuft wahrscheinlich über die Bildung von Brenztraubensäure, Acetaldehyd und Kohlendioxid; 2 Moleküle Acetaldehyd vereinigen sich über eine Acyloin-Kondensation zu Acetoin. Andere Autoren vermuten, daß aus Zitronensäure, die in merklichen Mengen vorliegt, über Brenztraubensäure und Acetaldehyd zuerst Acetylmilchsäure entsteht, die dann in Acetoin umgewandelt werden würde. Ein Zusatz von Zitronensäure zum Säurewecker wurde deshalb schon empfohlen, um eine aromaintensivere Sauerrahmbutter zu bekommen.

Lange Zeit hielt man das Diacetyl für den praktisch einzig wichtigen Aromastoff der Sauerrahmbutter. Neue Untersuchungen zeigen aber, daß man noch eine große Zahl weiterer insbesondere flüchtiger Bestandteile in Sauerrahmbutter finden kann, die mehr oder weniger aromaaktiv sind. Darunter finden sich Kohlenwasserstoffe, Alkohole, Carbonyl-Verbindungen, Lactone, Ester, Phenole und auch Pyrazine, wobei die Bedeutung der einzelnen Stoffe für das Gesamtaroma noch relativ ungeklärt ist.

Auch bei Butter sind zahlreiche Geruchs- und Geschmacksabweichungen sowie deren Ursachen bekannt. So ist bei ranziger Butter – wie bei Milch erwähnt – zwischen Oxidationsranzigkeit und hydrolytischer Ranzigkeit zu unterscheiden. Man kennt Butterfehler wie „tranig" und „ölig".

Der Fehler „metallisch" soll durch Vinylamylketon hervorgerufen werden.

Käse. Erstaunlicherweise war bei den Griechen der Käse als Nahrungsmittel kaum bekannt, während die Römer bereits eine Vielfalt von Käsesorten herstellten. So gab es in der Gegend von Carrara, wo die bekannten Marmorbrüche sind, sehr große, etwa 500 kg schwere Käse. Aber auch gallische Käse waren in Rom bekannt, was darauf hindeutet, aus welcher Richtung das Wissen über die Käsebereitung – zu der im übrigen damals fast ausschließlich Ziegen- und Schafmilch verwendet wurde – gekommen ist.

Es ist für viele Feinschmecker ein faszinierendes Erlebnis, die heute ungeheure Vielzahl von Geschmacks- und Geruchsvariationen der Käsesorten – allein in Frankreich unterscheidet man etwa 400 – zu degustieren. Der allergrößte Teil aller dieser Käsesorten wird prinzipiell auf dieselbe Art und Weise hergestellt: Pasteurisierte Milch, in der durch Vermischen von Magermilch mit Rahm ein bestimmter Fettgehalt eingestellt worden ist, erhält einen Zusatz von Labenzym und von Säurewecker (s. Seite 102). Dadurch wird eine Koagulation, eine „Dicklegung", der Milch bewirkt. Hat die Gallerte die richtige Festigkeit erreicht, was der erfahrene Käser mit dem Zeigefinger spürte, heute setzt man Festigkeitsmeßgeräte ein, so wird sie in etwa würfelförmige Teile geschnitten, wobei Molke austritt. Dieser Vorgang wird durch Rühren und leichtes Erwärmen verstärkt, die Gallertstückchen ziehen sich zum sog. „Käsebruch" zusammen und pressen weitere Molke aus. Nach verschieden langem Rühren wird der Bruch in Formen eingefüllt, stehen gelassen, dann gesalzen und in den Reifungskeller verbracht.

Das ist der prinzipielle Herstellungsgang für sog. *Labkäse,* welche den größten Teil der Käseproduktion ausmachen. *Sauermilchkäse,* bei deren Herstellung kein Lab verwendet wird, haben nur regionale Bedeutung (Harzer Käse, Mainzer Handkäse). Wie kommt es aber nun zu dieser Vielzahl doch extrem unterschiedlich schmeckender Labkäse? Eine der Hauptursachen hierfür ist – so einfach, aber auch überraschend dies klingt – die unterschiedliche Menge an *Milchzucker,* die im Käsebruch zurückbleibt. Je nachdem, wie fein man die Gallerte schneidet, bei welcher Temperatur man anschließend wie lange rührt, damit die Bruchkörner sich zusammenziehen können, bleiben verschiedene Mengen Milchzucker in diesen zurück. Die im Säurewecker vorhandenen Milchsäurebakterien, die z. B. bei Emmentaler von anderer Art sind als bei Weichkäse, vergären dann den Milchzucker zu Milchsäure, deren Menge nun den pH-Wert bestimmt. Von den Mikroorganismen gebildete proteolytische, also eiweißabbauende, und lipolytische, also fettabbauende Enzyme hängen in ihrer

Wirksamkeit von pH-Wert ab und so baut sich ein verwirrendes Spiel von Wechselwirkungen auf, das im Endeffekt für die vielfältigen Geschmacksrichtungen verantwortlich ist. Denn beim Abbau der Eiweißstoffe entstehen Aminosäuren, deren Aromawirksamkeit ja schon erwähnt wurde. Es werden Di- und Polypeptide gebildet, die mehr oder weniger bitter, aber auch süßlich schmecken können und deren Menge großen Einfluß auf den Geschmack hat.

Ebenso wichtig ist aber auch der Umfang der *Lipolyse,* also der Spaltung des Milchfettes in Glycerin und freie Fettsäuren, deren Umfang ebenfalls pH-Wert- und temperaturabhängig ist (die Reifung von Käse erfolgt in temperaturgeregelten Reifungskellern bei für die verschiedenen Käse unterschiedlichen Optimaltemperaturen). Da nun Milchfett u.a. dadurch charakterisiert ist, daß es im Gegensatz zu allen anderen Speisefetten erhebliche Anteile an Fettsäuren mit 4 bis 8 Kohlenstoffatomen aufweist, also Fettsäuren wie Buttersäure, Capron- und Caprylsäure, deren Geschmacks- und Geruchsaktivität groß ist (die beiden letzteren leiten ihren Namen vom lateinischen Capro = die Ziege ab), verwundert es nicht, daß die Freisetzung dieser Säuren den Geschmack stark beeinflußt. Dazu kommt, daß z.B. bei *Weichkäse,* wie Romadur, auch auf die Außenseite – nachdem die Form sich verfestigt hat – bestimmte Reifungsbakterien *(B. linens)* aufgebracht werden, welche ihre arteigenen Enzyme „hineinschikken". Hier erfolgt also die Reifung von außen nach innen, während sie beim *Emmentaler-Käse* – der im übrigen bei uns der einzige Käse ist, der aus Rohmilch hergestellt wird – in der ganzen Käsemasse erfolgt. Emmentaler nimmt auch in einem anderen Punkt eine Sonderstellung ein: Sein Geschmack wird stark mitbestimmt durch freie Propionsäure, weil in der Säureweckerkultur für Emmentaler Propionsäure-Bakterien vorhanden sind. Im übrigen soll Buttersäure in stark verdünnter wäßriger Lösung zwar scheußlich riechen, aber rein säuerlich schmecken!

Beim *Roquefort-Käse* und auch bei sonstigen Blauschimmelkäsen ist der Fettabbau für den Geschmack besonders wichtig, denn die speziellen Roquefort-Schimmel produzieren erhebliche Mengen an Lipasen. Daneben werden aber in Folgereaktionen die für das typische Aroma dieses Käses entscheidenden Stoffe Methylpropylketon und Methylpentylketon gebildet. Man kann diese Substanzen also als „Character impact compounds" für Roquefort-Käse bezeichnen.

Bei einem weiteren Schimmelkäse, nämlich dem *Camembert,* ist das Oct-1-en-3-ol für die „Pilznote" verantwortlich. Wichtig sind aber auch 2-Phenylethanol und 2-Phenylethylacetat; der „haselnußartige" Teil des Camembert-Geschmacks beruht auf 1,3-Dimethoxybenzol und Zimtsäuremethylester. Gewisse Schwefelverbindungen können Camembert auch eine Art „Knoblauchnote" verleihen.

Zusammenfassend kann man die Reaktionen zur Geschmacks- und Geruchsbildung bei Käse durch fünf Reaktionsarten definieren:

1. Gärungen, bei denen Säuren gebildet werden (Milchsäure, Propionsäure)
2. Eiweißabbau zu Aminosäuren und Peptiden
3. Fetthydrolyse
4. Bildung spezieller Aromastoffe aus den freigesetzten Aminosäuren
5. Bildung spezifischer Aromastoffe aus den gebildeten Fettsäuren

Es ist also gar nicht sehr verwunderlich, daß es so viele durch Geruch und Geschmack unterscheidbare Käsesorten gibt!

Bei der Beliebtheit von sogenanntem *Käsegebäck* verwundert es auch nicht, daß intensive Anstrengungen unternommen worden sind, Käsearoma künstlich zusammenzusetzen. Man hat zu diesem Zweck die als sensorisch bedeutsam erkannten Bausteine aus natürlichen Rohstoffen isoliert und sie dann großtechnisch hergestellt (naturidentisch). Es wurden Kompositionen erstellt, welche z. B. den Geschmacksrichtungen Schweizerkäse (= Emmentaler-Käse), Gouda und Cheddar-Käse entsprechen. In Kombination mit Naturkäse (bis zu 50% in den fertigen Lebensmitteln) können die Käse-Trockenaromen bei der Herstellung von Snacks, Crakker, Brotaufstrich, Käsesoßen usw. eingesetzt werden. Es ist möglich, diese Geschmacksrichtungen so herzustellen, daß sie bei Extrusion, bei Sterilisierung und beim Backen stabil sind; die Pulverform ermöglicht einfache Verarbeitung und problemlose Lagerung.

Ein Beispiel für die Zusammensetzung eines solchen Käsearomas (Typ Gouda) gibt Tabelle 27.

Tabelle 27. Zusammensetzung eines künstlichen Käsearomas, Typ Gouda (nach Ziegler S. 215)

Substanz	Teile	Substanz	Teile
Buttersäure	400	δ-Dodecalacton	20
Capronsäure	80	Dimethylsulfid	0,3
Caprylsäure	80	Diacetyl	1,5
Carpinsäure	60	Methional	0,3
Laurinsäure	60	cis-4-Heptenal	0,003
Myristinsäure	60	Mononatriumglutamat	3000
Methylpropylketon	3		
Methylpentylketon	3	Methionin	1000
Ethylcapronat	1,5	L-Lysin-HCl	2000

3.4 Genußmittel

3.4.1 Kaffee

3.4.1.1 Einleitung

Im Jahre 1626 reiste ein Sir Thomas Herbert – die Engländer waren schon immer große Globetrotter – nach Persien und verfaßte darüber einen ausführlichen Bericht. Darin liest man:

> „Es gibt nichts, was die Perser mehr lieben als den „Coho“ oder „Copha“, den die Türken „Caphe“ nennen[1]. Dieses Getränk scheint vom Styx-See zu stammen, so schwarz und dick und bitter ist es. Man gewinnt es aus runden, groben Körnern, die den Früchten des Lorbeerbaumes ähneln. Heiß getrunken, soll es gesund sein: Es zerstreut die Melancholie, trocknet die Tränen, beschwichtigt den Zorn und erzeugt freudige Gefühle. Die Überlieferung der Perser lehrt, daß dieser Trank vom Engel Gabriel erfunden und erzeugt worden sei, um die schwindenden Kräfte Mohammeds wieder herzustellen. Mohammed habe sich gerühmt, jedes Mal, wenn er den Zaubertrank einnahm, habe er eine Kraft gespürt, 40 Männer aus dem Sattel zu heben und 40 Frauen zu beschlafen“.

Auch in der klassischen Musik spielt der Kaffee eine Rolle, denn Johann Sebastian Bach komponierte eine Kantate, in der wiederholt gesungen wird: „Ei! Wie schmeckt der Kaffee süße, liebreicher als tausend Küsse, milder als Muskatenwein“. Für Politiker scheint Kaffee schon frühzeitig ein wichtiges Stimulans gewesen zu sein, denn Alexander Pope (1688–1744) schrieb: „Kaffee macht die Politiker weise, daß klar sie sehen, was schwarz verhüllt die Nacht“.

Soviel Lob kann natürlich nicht unwidersprochen bleiben; es fehlte nicht an Kritikern, die aus dem Kaffeeduft gleich den Weltuntergang herausschnupperten, zumindest den Untergang von Sitten und ganze Legionen von Krankheiten. So wurde behauptet, mit Milch getrunken erhöhe er die Lepragefahr, erhitze das Blut über Gebühr, bringe unnötig Aufregungen. 1838 faßte ein Dr. Richter in Leipzig die „Sünden“ des Kaffees aus seiner Sicht zusammen: sein häufiger Genuß schwäche das Nervensystem, führe zu einer Neigung zu Hypochondrie, Hysterie, Schlaganfall, Krämp-

---

[1] Hierin steckt auch schon eine Deutung der Herkunft des Wortes Kaffee; andere Quellen nehmen an, daß das arabische Wort „Kahwa“ = das Erregende, die Basis war. Auch gibt es eine abessinische Landschaft mit Namen „Kaffa“, wo die Pflanze *Coffea arabica* zu Hause ist

fen, Augenschwäche, Verdauungsbeschwerden, Hämmorrhoiden, Unordnung der Menstruation, Schwäche der Zeugungskraft und anderen Übeln. Andererseits scheint Kaffee im London des 18. Jahrhundert zum Sozialprestige gehört zu haben, denn aus einer Eingabe an den Mayor (Bürgermeister) kann folgende Sentenz entnommen werden:

> „Welche Seuche ist dies, daß die gewöhnlichsten Handwerker den ganzen Tag in Kaffeehäusern sitzen, bloß um über Politik zu schwatzen, während ihre armen Kinder zu Hause jammernd nach Brot verlangen? Und wenn ihr Geschäft zugrunde geht, werden sie selbst ins Gefängnis geworfen oder gezwungen, Soldat zu werden".

Auch musikalisch gibts ein Gegenstück zu Johann Sebastian Bach, allerdings von einem weniger bedeutenden Komponisten, nämlich Karl Gottlieb Hering (1766–1853), der den wunderhübschen Kanon schrieb:

> „c-a-f-f-e-e, trink nicht so viel Caffee, nicht für Kinder ist der Türkentrank, schwächt die Nerven, macht Dich blaß und krank! Sei Du kein Muselmann, der ihn nicht lassen kann".

Und selbst Goethe, dem man die Freude an den Genüssen des Lebens wirklich nicht absprechen kann, war ein scharfer Gegner des Kaffees, was aus dem Satz „hab ich doch, Freunde, mit Recht immer den Kaffee gehaßt" hervorgeht. Goethe gehörte zur relativ geringen Zahl von Menschen, denen Kaffee „auf den Magen schlägt", so daß ihn der Wohlgeschmack nicht weiter interessieren mochte. Damals hatte man ja noch nicht die Möglichkeit, wie wir sie heute haben, sog. magenfreundlichen Kaffee zu produzieren. Um bei den Dichtern zu bleiben: Balzac trank bis zu 60 Tassen Kaffee am Tag. Wieviele wissenschaftliche Erkenntnisse auf dem Genuß von vielen Tassen Kaffee letztendlich beruhen, läßt sich wohl nie feststellen; sicher ist aber, daß gerade Wissenschaftler gern und viel Kaffee trinken.

3.4.1.2 Chemie des Kaffeearomas

Das Aroma des Kaffeegetränkes beruht auf der Einwirkung von Hitze auf die rohen Kaffeebohnen, also auf den Stoffen, die beim Rösten der Kaffeebohnen entstehen. Dies bedeutet nicht, daß im Rohkaffee keine geruchs- und geschmacksaktiven Stoffe vorhanden wären. Man hat eine Unzahl von flüchtigen Aromastoffen aus Rohkaffee isoliert und identifiziert. Die Zusammensetzung des Rohkaffees ist auch keineswegs bedeutungslos für Geschmack und Geruch des letztendlich getrunkenen Kaffeeaufgusses.

Unter *Rösten* versteht man das trockene Erhitzen auf Temperaturen über 100 °C; bei Kaffee werden Endtemperaturen von 200–250 °C – je nach gewünschter Farbe – angewendet. Die Aromaausprägung hängt selbstverständlich von der Rösttemperatur ab. Was passiert beim Rösten? Zuerst tritt eine Trocknung ein; schon ab 20 °C verdunstet Wasser. Die Kaffeebohnen beginnen zu quellen, das Volumen der Bohnen vergrößert sich stark. Ab 170 °C werden die Proteine unlöslich; trotzdem können noch beträchtliche Aktivitäten von Polyphenoloxidase und Peroxidase nachgewiesen werden. Zwischen 170 °C und 190 °C bilden sich erste nennenswerte Anteile der Röst-Aromastoffe und die Braunfärbung durch Maillard-Reaktion wird stärker. Typisch ist bei diesen Temperaturen die Abgabe eines bläulichen Rauchs. In der Endphase der Röstung, also oberhalb 200 °C, verstärkt sich die Aromastoffbildung; ab 230 °C beginnt eine Verkohlung, welche die Endfarbe der fertig gerösteten Kaffeebohne mitbestimmt.

Insgesamt rechnet man mit Mengen von 1 g flüchtigen Aromastoffen je kg Röstkaffee. Wie eingehend die qualitative und quantitative Zusammensetzung dieser Aromastoffe in den letzten Jahren erforscht worden ist, zeigt Abbildung 43.

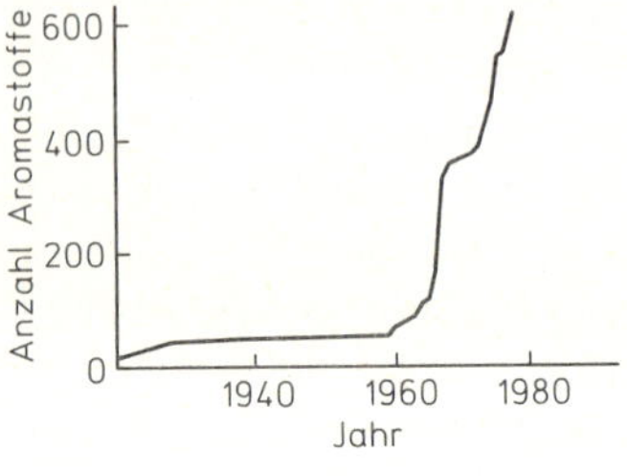

Abb. 43. Zahl der identifizierten Aromastoffe in Röstkaffee – Entwicklung seit etwa 1920 (nach Maier HG (1981))

Die Zahl 600 ist also längst überschritten und wenn man eine Aufstellung betrachtet, die H. G. Maier gemacht hat und in der allein die Aufzählung der Verbindungsklassen – also nicht der einzelnen Verbindungen – sieben Seiten einnimmt, so sieht man die Fülle des Wissens bestätigt, aber auch die Unmöglichkeit, hier auch nur auszugsweise auf Einzelheiten einzugehen. Ein Stoff soll erwähnt werden, nämlich das 2-Furylmethanthiol (Abb. 44).

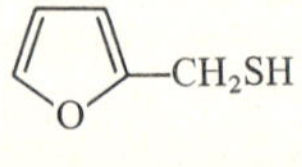

2–Furylmethanthiol
(α–Furfurylmercaptan)

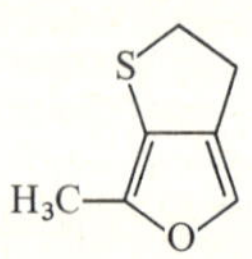

Kahweofuran

Abb. 44. Für das Kaffeearoma wichtige Verbindungen

Diese Verbindung ist deswegen herauszuheben, weil sie als einziger bisher bekannter Stoff in großer Verdünnung tatsächlich kaffee-ähnlich riecht, während es in substantia – wie es seiner Struktur als Mercaptan entspricht – grauenvoll stinkt. Die Verbindung ist ein geradezu klassisches Beispiel für den oft zu beobachtenden sensorischen Effekt, daß Verdünnung die Geruchs- bzw. Geschmacksausprägung extrem verändert. Nebenbei gesagt, findet man dieses „Furfurylmercaptan" auch in dem lebensmittelrechtlich zu den sog. *„Kaffeemitteln"* gehörenden *Malzkaffee,* der durch Rösten von Gerste hergestellt wird! Dagegen konnte es in *Zichorienkaffee* nicht nachgewiesen werden.

Bei allem Enthusiasmus über die großen Kenntnisse bzgl. der flüchtigen Aromastoffe im Kaffee darf aber die Bedeutung von vielen löslichen Stoffen für den *Geschmack des Kaffeegetränkes* nicht übersehen werden. Am wichtigsten sind hierbei die Chlorogensäure, die Neochlorogensäure, die Kryptochlorogensäure und die Kaffeesäure, aber auch Chinasäure, Zitronensäure, Milchsäure und Brenztraubensäure sind vorhanden, von den flüchtigen Säuren, wie Essigsäure, Propionsäure und Buttersäure abgesehen. Erstaunlich ist, daß dem *Coffein,* also dem kaffeetypischen und auch physiologisch stark wirksamen Alkaloid des Kaffees, kein Beitrag zum bitteren Geschmack von Kaffeeaufguß zugeschrieben wird, obwohl es in Konzentration oberhalb seines Schwellenwertes (s. 4.3.5) vorliegt. Vielmehr sollen aromatische Ketone sowie Heterocyclen (vor allem Pyrazine und bicyclische Verbindungen) den bitteren Geschmack bewirken.

Interessant ist auch, daß beim Kaffee die Güte des Getränks sehr stark vom *verwendeten Wasser* abhängt, insbesondere von dessen Härtegrad. Ebenso empfiehlt sich längeres Warmhalten nicht: Schon nach 30 bis 60 Minuten verschlechtert sich das Aroma, wobei fast alle Aromastoffe abnehmen, speziell die flüchtigen reduzierenden Substanzen. Die Mercaptane sind nach 24 Stunden auf 50% des Ausgangsgehaltes zurückgegangen. Weiterhin nehmen ungesättigte Carbonyl-Verbindungen sowie Phenole und auch die Chlorogensäure ab, während die Gehalte an Coffein unverändert bleiben. Wiederaufwärmen auf 85–90 °C nach zwei- bis vierstündigem Stehenlassen bei Zimmertemperatur beeinflußt die sensorischen Qualitäten ebenfalls ungünstig.

3.4.1.3 Löslicher Kaffee

Ein erheblicher Anteil des auf der Welt getrunkenen Kaffees wird unter Verwendung von löslichem Kaffeepulver bereitet. Prinzipiell könnte man die Herstellung dieser Kaffeepulver als Trocknung von normalem Kaffeegetränk verstehen. Technisch wird es natürlich anders gemacht: Geröstete

Kaffeebohnen werden in aufwendigen Apparaturen unter Druck mit Wasser extrahiert, wobei Wassertemperaturen bis zu 200 °C erreicht werden können. So erhält man größere Ausbeuten an Extrakt. Beim normalen Aufguß bzw. beim Filterkaffee werden etwa 10 bis 15% aus den gemahlenen Bohnen extrahiert, beim technischen Verfahren sind es 36 bis 46%. Noch mehr herauszuholen, empfiehlt sich nicht, da dann der Geschmack stark verschlechtert wird. Die Extrakte werden getrocknet und zwar meistens durch Sprühtrocknung; die zu geschmacklich besseren Produkten führende Gefriertrocknung ist sehr aufwendig.

Es ist klar, daß die *Aroma-Erhaltung für den löslichen Kaffee* ein großes Problem darstellt, denn die Aromastoffe sind ja zu einem erheblichen Teil flüchtig und es ist unvermeidlich, daß mit dem Abdampfen des Wassers beim Trocknen auch sehr viele Aromastoffe entfernt werden. Aber Verfahrenstechniker lassen sich immer etwas einfallen und so ist man u.a. auf folgenden Trick gekommen: Vor der Extraktion werden aus dem gemahlenen Röstkaffee erhebliche Teile der Aromastoffe durch Wasserdampfdestillation oder durch Extraktion mit flüssigem Kohlendioxid oder mit Fluorkohlenwasserstoffen abgetrennt. Das allerneueste Verfahren ist die sog. Destraktion, bei der hyperkritisches Kohlendioxid[1] verwendet wird. Das hyperkritische Kohlendioxid ist zwar gasförmig, verhält sich aber wie eine Flüssigkeit im Hinblick auf Lösungseigenschaften und löst so auf ganz schonende Art und Weise die Aromastoffe heraus. Die erhaltenen Aromakonzentrate werden nun zusammen mit wenig Kaffeeöl zur „Rückaromatisierung" der Kaffee-Extrakt-Trockenpulver verwendet. Man kann die Aromabindefähigkeit auch durch Zusatzstoffe, wie eßbare Gummiarten, Glyceride, Baumwollsaatöl, Polyvinylpyrrolidon, erhöhen, die aber alle zu diesem Zweck bei uns nicht zugelassen sind.

3.4.2 Wein

3.4.2.1 Einleitung

Zwar gibt es Leute, welche den Wein nicht zu den Genußmitteln zählen, aber diese sind eindeutig in der Minderzahl. Es liegt auch eine Vielzahl von Belegen dafür vor, daß dies schon seit langer Zeit so ist. Im Alten Testament ist zu lesen: „Der Wein erfreut des Menschen Herz" (was im Buch

---

[1] Hyperkritisch: Gase haben im Zustandsdiagramm fest-flüssig-gasförmig bzgl. Druck und Temperatur einen Punkt, den sog. „kritischen Punkt", oberhalb dessen auch bei Anwendung noch so hoher Drucke keine Verflüssigung mehr möglich ist

der Sprüche über das Bier steht, soll hier aus Furcht vor der Rache der Bierbrauer nicht zitiert werden).

Die Zeugnisse über die Wertschätzung des Weines im klassischen Altertum sind äußerst vielfältig und zahlreich. So haben schon die homerischen Helden Wein getrunken, und zwar in der Regel Rotwein, allerdings nicht nur zum Genuß, sondern auch zur Stärkung, denn man kannte den „Kykeon", einen Rotwein (evtl. auch Rosinenwein), dem Gerstenmehl, Honig und geriebener Ziegenkäse beigegeben waren. Diesem wohl geschmacklich nicht gerade besonders attraktiven Getränk wurde nachgesagt, es stärke die Krieger im Kampf; zusammen mit Zwiebeln diente es auch als Aperitif. Es soll auch einen antialkoholischen „Damenkykeon" gegeben haben, der aus Wasser, Gerstenmehl und Minze bereitet wurde. Später wurde der Wein meistens in Mischung mit Wasser genossen, was bei den Mengen, die bei griechischen Gastmählern und Gelagen getrunken wurden, eine absolute Notwendigkeit war, denn der verwendete Wein hatte immerhin etwa 16% Alkohol. Man kann nicht ganz genau festlegen, wieviel getrunken wurde, denn die Größe der Mischgefäße, der Krateren, konnte schwanken; wenn man sich aber die Aussage eines Herrn Eubulos, eines Komödiendichters, vor Augen hält, der den Weingott Dionysos sagen läßt:

> „Drei Kratere nur mische ich für die Vernünftigen: einen für die Gesundheit, den sie zuerst austrinken, den zweiten für die Liebe und Freude, den dritten für den Schlaf, worauf die Weisen nach Hause gehen. Der vierte ist aber nicht mehr für uns, doch für den Übermut. Der fünfte ist fürs Gebrüll, der sechste für trunkenes Schwärmen, der siebte für blaugehauene Augen, der achte für die Polizei, der neunte für die Galle, der zehnte für den Wahnsinn, so daß Du auch um Dich werfen kannst",

dann wird die Notwendigkeit der Verdünnung klar.

Auch gab es damals schon die verschiedensten Provenienzen, wovon der beste der *Wein aus Chios* gewesen sein soll, von dem 39,4 l doppelt soviel kosteten wie ein ganzes Rind. Konsumweine kamen aus Kos, Knidos und aus Rhodos; Wein aus Korinth galt als Tortur. Die Schwefelung des Weines kannte man noch nicht und wendete daher zur Verlängerung der Haltbarkeit eine andere Methode an, nämlich den Zusatz von Meerwasser. Es wird aber schon vermerkt, daß zuviel hiervon dem Geschmack und der Bekömmlichkeit schaden würde. War der Wein-Jahrgang zu sauer, so wurde Gips oder Marmorstaub zur Abstumpfung der Säure zugefügt. Auch wußte man schon früh, daß der Zusatz von Harz die Haltbarkeit erhöhte, eine Methode, die heute noch für den bekannten griechischen Retsina angewendet wird.

Selbstverständlich waren auch die reichen Römer, entsprechend der Sentenz *„aquam bestiae bibunt, vinum homines"*, große Weingenießer; er war für sie das wichtigste Getränk. Spätestens seit dem 2. Jahrhundert v. Chr. gab es in Italien bereits hervorragende Sorten; so war der Jahrgang 123 v. Chr. noch Generationen danach wegen seiner besonderen Güte bekannt. Viel Wein wurde auch importiert. Es gibt Zeugnisse dafür, daß bereits 200 n. Chr. Moselwein in Rom getrunken wurde. Noch mehr als die Griechen schätzten die Römer sogenannte bearbeitete Weine: Man kochte z. B. den Most bis auf die Hälfte ein und ließ dieses „Defrutum" zu einem besonders starken Wein vergären. Mischungen mit normalem Wein waren üblich. Auch wird über Honigzusatz und über Weine mit Zusatz von Gewürzen, wie Pfeffer und Myrrhe, berichtet.

Andererseits scheint römischer Wein der Gesundheit nicht immer zuträglich gewesen zu sein: Nach Berichten römischer Ärzte tranken etwa ⅔ der zwischen 30 v. Chr. bis 220 n. Chr. regierenden Herrscher *durch Blei vergifteten Wein,* was zu subklinischen Erscheinungen einer Bleivergiftung, wie Gicht und Gehirnschädigungen, führte. Hauptquelle für das Blei war ein in mit Blei ausgekleideten Gefäßen eingedickter Traubensirup, der dem Wein zugesetzt wurde (also ist auch das heutige Vorgehen, Traubensaft als „Süßreserve" zum Wein zuzusetzen, von den Römern vorweggenommen worden). Die Herstellung eines derartigen Sirups nach zeitgenössischen Rezepten ergab einen Bleigehalt von 240 bis 1000 mg Blei/l; etwa 1 Teelöffel hiervon pro Tag dürfte zur Entwicklung einer chronischen Bleivergiftung ausreichen.

Auch die neuere Geschichte bietet eine Vielzahl von Beispielen für die Wertschätzung des Weines. Als Beleg hierfür nur einige Anekdoten im Zusammenhang mit dem *Tokajer* (dem bekannten süßen ungarischen Wein). Dieser wird aus größtenteils überreifen Trauben der berühmten Lagen rings um die Burg Tokaj gekeltert, lagert dann vier bis fünf Jahre in kleinen Fässern und enthält etwa 14% Alkohol. Er hatte einen solch sagenhaften Ruf, daß man die Anekdote erfand, Napoleon habe seinen Rußlandfeldzug hauptsächlich deswegen gestartet, weil er dem russischen Zaren die Herrschaft über Tokaj entreißen wollte. Daß Goethe ihn schätzte, dokumentiert er im Faust, wo der eine Zecher ausruft: „Den Sauren mag ich nicht! Gebt mir ein Glas vom echten Süßen!", worauf Mephisto antwortet: „Euch soll sogleich Tokajer fließen". Auch Päpste konnten Genießer sein, wie der Ausspruch von Pius IV. „solcher Wein gebührt dem höchsten Priester" auf dem Konzil von Trient anno 1562 beweist. Zarin Elisabeth soll 1745 erklärt haben, daß sie ohne Tokajer nicht leben könne und selbst der fromme Lyriker aus dem kühlen Hamburg, Mathias Claudius, sagte: „Bekränzt mit Laub den Becher mit Tokajer!".

3.4.2.2 Chemie des Weinaromas

Bei der Fülle der Weinarten und -sorten ist es illusorisch, von „*dem* Weinaroma" sprechen zu wollen. Man kann im Grunde nur Verallgemeinerungen versuchen, kann darlegen, welche Stoffgruppen dazu beitragen, daß der Weingenießer beim Schlürfen – Wein muß ja an sich laut geschlürft werden, um sein volles Aroma erfassen zu können – ein verklärtes Gesicht bekommt. Auch beim Wein haben wir wieder die bekannte Mischung zwischen gelösten Aromastoffen und dem Bukett, der „Blume", also den flüchtigen Bestandteilen, welche zusammen das unvergleichliche Aroma von Weinen bilden.

Selbstverständlich ist der durch Vergärung entstandene *Alkohol* ein wesentlicher Geschmacksträger beim Wein. Daß Alkohol einen Eigengeschmack hat, zeigt sich schon in der Tatsache, daß Wodka als praktisch reiner Alkohol nicht nur zum Besäufnis, sondern auch zum Genuß getrunken wird. Würde man Wodka sozusagen auf Weinstärke „verdünnen", so hätte man selbstverständlich noch längst keinen Wein. Neben Ethanol, also dem Stoff, den man als „Alkohol" bezeichnet, und der je nach Wein zwischen 5,5 und 13% ausmachen kann, findet man stets ganz geringe Mengen an Methanol, Propanol, Butanol und Pentanolen (Amylalkoholen, die sog. Fuselöle). Der zweiwertige Alkohol 2,3-Butandiol – der im übrigen schon als energiereiches, synthetisch herstellbares Nahrungsmittel empfohlen wurde – ist in Mengen von etwa einem halben bis einem g je Liter Wein vorhanden.

Von den löslichen Stoffen sind zwei Gruppen für den Geschmackseindruck entscheidend, nämlich die *Säuren* und die *Zucker* (der sog. Restzukkergehalt); beim vollständig durchgegorenen Wein – der aber für fast alle heutigen Zungen kaum mehr genießbar ist – sind nur noch ganz geringe Mengen Glucose und Fructose nicht vergoren. Diese beiden Zucker machen den Hauptanteil am Restzucker aus; interessanterweise kommen aber in vergorenen Weinen stets auch Pentosen wie Arabinose und Rhamnose vor.

Was die Säuren anbetrifft, so ist Wein ein relativ *saures Getränk*, denn sein pH-Wert liegt normalerweise zwischen 2,8 und 3,8. In gut ausgebauten deutschen Weinen sind etwa 5,5 bis 8,5 g Säure (als Weinsäure berechnet) im Liter enthalten. Bei längerer Lagerung tritt ein Säureabbau ein, Rotweine sind saurer. Die Hauptsäure ist natürlich die Weinsäure; daneben finden wir Äpfel- und Zitronensäure, Bernsteinsäure, Kohlensäure und Milchsäure, welch letztere, wenn sie im Übermaß und neben Essigsäure und Propionsäure in merklichen Mengen vorkommt, zu einem Weinfehler führt: Man spricht von „kranken Weinen".

Inwieweit die im reifen Wein noch vorhandenen freien Aminosäuren sowie die Mineralstoffe – Wein ist z. B. ziemlich kalium-haltig, was ernährungsphysiologisch gar nicht so unwichtig ist – zum Geschmack beitragen, ist kaum geklärt.

Von den eigentlichen Aromastoffen, die löslich als auch flüchtig sein können, ist eine ungeheure Fülle von Verbindungen isoliert, darunter viele Ester, aber auch Terpenoide und neben dem bereits erwähnten höheren Alkoholen sind noch verzweigte Alkohole erwähnenswert. Eine Auswahl wichtiger flüchtiger Verbindungen in Wein gibt Tabelle 28.

Bei den Estern ist besonders auf Ethylacetat hinzuweisen, das für das Bukett von *Rotweinen* wichtig ist; die Ethylester von Capron-, Capryl-, Caprin- und Laurinsäure sind für das Aroma von *Weißwein* von erheblicher Bedeutung. Capronsäure-ethylester hat ein fruchtiges Aroma.

Dies ist nur eine ganz minimale Auswahl aus der Vielzahl von Stoffen, die zum Aroma des Weines beitragen. – Der sog. „Erdbeerton", ein gar nicht sehr seltener Weinfehler, wird eindeutig von 2,5-Dimethyl-4-hydroxy-3-furanon hervorgerufen.

Man kann mit Hilfe gaschromatographischer Methoden objektiv zwischen aus verschiedenen Traubensorten bereitetem Wein unterscheiden; der Wein ist somit ein hervorragendes Beispiel dafür, wie weit es mit den heutigen analytischen Verfahren möglich ist, feinste sensorische Unterschiede zu erfassen. Aber auch die *Rebensorten* selbst sind unterscheidbar:

Tabelle 28. Einige für das Aroma von Wein wichtige flüchtige Stoffe (nach Belitz)

Verbindung	Weißwein (mg/l)	Rotwein (mg/l)
Methanol	38 –118	43 –222
1-Propanol	9 – 48	11 – 52
2-Methyl-1-propanol	28 –170	45 –140
1-Butanol	1,4 – 8,5	2,1 – 2,3
2-Methyl-1-butanol	17 – 82	48 –150
3-Methyl-1-butanol	70 –320	117 –490
1-Hexanol	3 – 10	3 – 10
Methylacetat	0 – 0,1	0,1 – 0,2
Ethylacetat	4 –180	22 –190
Ethylpropionat	0 – 7	0,1 – 0,25
Ethyl-2-methylpropionat	0 – 0,6	0,03– 0,08
2-Methylpropylacetat	0,03– 0,06	0,01– 0,08
Ethylbutyrat	0,04– 1	0,01– 0,2
Ethylcapronat	0,06– 0,6	0,06– 0,13
Ethylcaprylat	1 – 5	1 – 6
Ethylcaprinat	0,9 – 3,5	0,6 – 4,0
Ethyllaurat	0,1 – 1,2	–

langjährige Untersuchungen an der Bundesforschungsanstalt für Rebenzüchtung führten zu Methoden, die es erlauben, durch Gaschromatographie von Aromaextrakten aus gesunden Trauben eindeutig festzustellen, welche Rebensorte vorliegt, obwohl die jeweiligen Gaschromatogramme im ersten Ansehen außerordentlich unübersichtlich erscheinen, denn es werden ja weit über 300 Stoffe getrennt, wobei man keinesfalls weiß, ob sich nicht unter einzelnen Peaks mehrere Substanzen verstecken. Moderne Rechenverfahren (multiple Diskriminanzanalyse) erlaubten jedoch das Herausfinden einiger Komponenten als „Leitsubstanzen", mit deren Hilfe die Charakterisierung der einzelnen Rebsorten möglich wurde. Nun könn-

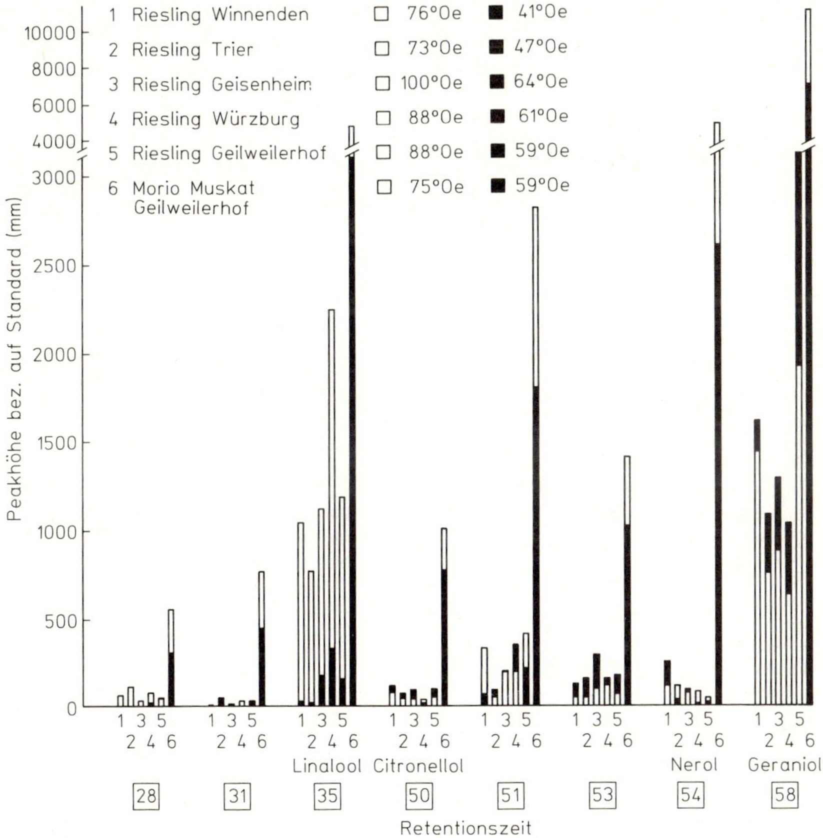

Abb. 45. Sortentypische Aromakomponenten (Leitsubstanzen) der Rebsorten Riesling (verschiedene Standorte) und Morio-Muskat. Jahrgang 1976. Peakhöhe in mm bezogen auf Standard (nach Rapp A, Hastrich H (1978) Vitis 17: 188–298)

te man einwenden, daß dies wohl beim Vergleich von Rebsorten im gleichen Weinbaugebiet relativ leicht verständlich ist, während es beim Vergleich von Trauben aus verschiedenen Weinbaugebieten doch Schwierigkeiten erwarten ließe. Entsprechende Versuche zeigten aber, daß das „Profil" dieser Leitsubstanzen eindeutig sorten-abhängig ist. Weder ein anderes Klima noch die Bodenbeschaffenheit (z.B. Mergel, Verwitterungsschiefer, lehmige Keuperböden, vulkanische Tuffe mit Löß) noch unterschiedliche Geländeneigung (Südhang, Nordhang, Ebene) hatten einen schwerwiegenden Einfluß. Daß geringfügige quantitative Unterschiede auftraten, war zu erwarten, denn der Geschmack einer Sorte aus unterschiedlichen Lagen und bei unterschiedlichem Reifegrad differiert immer. Wenn das Aromagramm also etwas taugen soll, dann müssen solche Unterschiede auch darin zum Ausdruck kommen. Die Abb. 45 zeigt das Ergebnis der umfangreichen Vergleichsuntersuchungen einerseits bei den Rebsorten *Riesling* an verschiedenen Standorten und an der Rebsorte *Morio Muskat.*

3.4.2.3 „Korkton", „Korkgeschmack" des Weines

Jedem Weinkenner und -genießer ist er ein Greuel, dieser Weinfehler, den der Schweizer als „Zapfengout" bezeichnet, während ihn der Franzose „Gout de bouchon" nennt. Es handelt sich um eine eigenartige, absolut typische Geschmacksabweichung, die man mit den Worten „Muffig-schimmelig" nur ungenau umschreiben kann. Die wirtschaftliche Bedeutung dieses Weinfehlers – ein damit behafteter Wein kann jederzeit zurückgegeben werden – geht daraus hervor, daß er bei etwa 2% aller mit Naturkork verschlossener Weine auftritt. Grob geschätzt werden in der Bundesrepublik dadurch jährlich Weine für etwa 60 Mio. Mark unbrauchbar. Die Wurzel des Übels ist, wie der Name sagt, der Korkstopfen, der eigentlich den Wein in der Flasche schützen soll. Es hat daher nicht an Versuchen gefehlt, die *Ursache* aufzuklären und damit Möglichkeiten zur Verhinderung zu schaffen. Lange Jahre waren die Versuche erfolglos. Erst 1981 schien der Durchbruch gelungen: Schweizer Forscher glaubten eindeutig festgestellt zu haben, daß bei der Chlorbleichung der Korkrinde vor der Herstellung der Korkstopfen in einigen von ihnen 2,4,6-Trichloranisol entstünde, das den typischen Geruch, der beim Korkgeschmack auftritt, hat. Sie konnten diesen außerordentlich geruchsintensiven Stoff aus fehlerhaftem Korkmaterial isolieren und nahmen an, daß er vom Wein aus dem Kork herausgelöst würde. Man müßte also nur die Chlorbleichung der Korken weglassen und der „Zapfengout" würde nicht mehr auftreten. Aber leider scheinen die Verhältnisse halt doch nicht so einfach zu sein: Umfangreiche Untersuchungen von Heimann und Mitarbeitern zeigten einen ganz anderen Weg zur Entstehung des Korkgeschmacks auf, nämlich über eine *Infektion mit Schimmelpilzen,* und zwar interessanterweise aus der Familie *Penicillium roqueforti,* die dem Roquefort-Käse seinen charakteristischen Geschmack und Geruch verleihen! Im Falle des Korkens entstünden Sesquiterpene mit stark muffigem, schimmeligem Geruch, und diese Stoffe seien für den Korkgeschmack verantwortlich. Verkorkungsversuche mit handelsüblichen Korken, die mit *P. roqueforti* infiziert und 3 Monate gelagert worden waren, ergaben, daß die Weine aller Probeflaschen (1 Woche nach der Abfüllung verkostet) ausnahmslos einen deutlichen Korkton aufwiesen. Schön wär's an sich gewesen, wenn die Schweizer Recht behalten hätten, denn dann hätte man auf einfache Weise den Korkgeschmack verhindern können, aber, wie sagt Bertolt Brecht so schön: „Die Verhältnisse, die sind nun mal nicht so!"

Allerdings gäbe und gibt es eine sehr einfache und zugleich billige sowie absolut sichere Methode, den Korkgeschmack auszuschalten, aber diese überhaupt nur anzusprechen, treibt den alten „Weinzähnen" die Zornesröte ins Gesicht: Man müßte nur die Korken weglassen und dafür auf die Weinflasche einen Verschluß mit Kunststoffdichtung, wie er bei Sprudelflaschen schon lange üblich ist, setzen. Vieljährige umfangreiche Versuche haben gezeigt, daß der Wein in gar keiner Weise dabei leiden würde. Es ist also reine Nostalgie ohne jeden vernünftigen Hintergrund, wenn diese Art des Verschließens von Weinflaschen als Blasphemie angesehen wird....

4 Methoden der sensorischen Analyse

4.1 Einleitung

Die Überschrift über dieses Kapitel mag vielleicht manchem zu optimistisch erscheinen, denn das Wort „Analyse" steht doch für den Naturwissenschaftler für Genauigkeit, für Reproduzierbarkeit, für „Sicherheit" von erhaltenen Untersuchungsergebnissen. Wenn man sich vergegenwärtigt, was über die Kompliziertheit des Wirksamwerdens unserer Sinne, also der Sinnesphysiologie, im Teil 2 gesagt ist, so könnte man wohl schon an der Objektivität, an der Sicherheit von Ergebnissen zweifeln, die mit solch „zweifelhaften" Meßinstrumenten erhalten werden. Verstärkt müssen diese Zweifel durch die unübersehbare Vielfalt von chemischen Substanzen in der ungeheuren Vielfalt von Lebensmitteln werden, wie sie im Teil 3 dargestellt worden sind; in Teil 1 wurden ja diesbezügliche Probleme schon angedeutet.

Ein weiteres Beispiel: Während des Essens eines komplexen Lebensmittels werden Geschmacks- und Geruchssubstanzen kontinuierlich freigesetzt, wenn das Lebensmittel zerkleinert und mit Speichel vermischt wird. Rezeptoren in Mund und Nase antworten mit einem intensiven „Sperrfeuer" von ununterbrochen sich ändernden Signalen. Unter den Rezeptoren sind solche, die im Einklang mit Atmung oder Kauen rhythmisch feuern, andere feuern nur über einen relativ schmalen Bereich von Konzentrationen, wieder andere antworten nur auf wenige Stimuli, während eine große Zahl weiterer wahrscheinlich gegenüber Hunderten von Chemikalien empfindlich ist. Einige besitzen auch eine Adaptationsfähigkeit für bestimmte Teile des komplexen Stimulus, andere können dies nicht.

Wie hat man es nun zustande gebracht, daß – wie auf Seite 3 erwähnt – die sensorische Analyse in der Sicherheit ihrer Ergebnisse sich durchaus nicht hinter anderen Analysenverfahren verstecken muß? Was ist die Ursache dafür, daß bei weltweit durchgeführten Ringversuchen doch sehr gute Übereinstimmungen erhalten worden sind? Es ist eine Vielfalt von Parametern, die hierzu und damit zum Fortschritt in der wissenschaftlichen Disziplin „Sensorik" – und das Wort wissenschaftlich steht ganz bewußt da – beigetragen haben. Die wohl wichtigsten Gesichtspunkte können folgendermaßen zusammengefaßt werden:

1. Vereinheitlichung der Begriffe
2. Normung mit gleichzeitiger Verbesserung bekannter Prüfverfahren
3. Entwicklung und ggf. Normung neuer Verfahren
4. Intensive Schulung der Prüfpersonen
5. Erarbeitung und Anwendung geeigneter statistischer Rechenverfahren zur Sicherung der Ergebnisse

Erst im Zusammenwirken dieser und einiger anderer Faktoren sind die Fortschritte im Hinblick auf die Objektivierung und Sicherung sensorisch erhaltener Ergebnisse zu erklären.

4.2 Vereinheitlichung und Normung

4.2.1 Einleitung

Die Bedeutung der damit zusammenhängenden Fragen wurde in der Bundesrepublik Deutschland schon relativ früh erkannt. Dies führte im Jahre 1967 zur Gründung eines Arbeitsausschusses „Sensorik" beim DIN (Deutsches Institut für Normung), in dem Wissenschaftler aus den Bundesforschungsanstalten des Bundesministeriums für Ernährung, Landwirtschaft und Forsten, Vertreter der Deutschen Landwirtschaftsgesellschaft (DLG), Vertreter von Lebensmittelherstellern, von Chemischen Untersuchungsämtern, der Stiftung Warentest, des Bundesgesundheitsamtes sowie ein Statistiker aus dem Hochschulbereich zusammenarbeiten. Aus der nun 16-jährigen Arbeit dieses Ausschusses sind insgesamt 12 Normen entstanden und inkraftgesetzt worden, wie die Tabelle 29 zeigt.

Der Weg zu einer solchen Norm ist zeitaufwendig: Der Normenausschuß berät zuerst einmal lange und eingehend entsprechende interne Entwürfe, bis er zu einer Einigung über eine gemeinsam getragene Entwurfsfassung gekommen ist. Dieser Entwurf geht an die interne Prüfstelle beim Deutschen Institut für Normung und wird hier auf formale Merkmale nach den Regeln des DIN geprüft und von diesem anschließend als sogenannter „Gelbdruck" (so genannt, weil auf gelbem Papier gedruckt wird, um auf einfache Weise zu dokumentieren, daß es sich um einen Entwurf handelt) zahlreichen interessierten Institutionen zur Verfügung gestellt. Diese können im Rahmen einer angemessenen Einspruchsfrist, die meist 6 Monate beträgt, Anregungen, Kritik, Änderungswünsche usw. vorbringen. Alle diese Einwände werden wiederum im Normenausschuß sehr eingehend diskutiert und so weit wie möglich (und nötig) „eingearbeitet";

Tabelle 29. Stand der Normungsarbeiten im Bereich der Sensorik

DIN-Normen (Stand: Januar 1984)	
DIN 10950 (Okt. 1981)	Allgemeine Grundlagen der sensorischen Prüfung
DIN 10951 (Sept. 1978)	Sensorische Prüfverfahren; Dreiecksprüfung
DIN 10952 Teil 1 (Okt. 1978)	Sensorische Prüfverfahren; Bewertende Prüfung mit Skale; Prüfverfahren
DIN 10952 Teil 2 (Sept. 1983)	Sensorische Prüfverfahren; Bewertende Prüfung mit Skale; Erstellen von Prüfskalen und Bewertungsschemata
DIN 10953 (Juni 1976)	Anwendung sensorischer Prüfverfahren
DIN 10954 (Nov. 1977)	Sensorische Prüfverfahren; Paarweise Unterschiedsprüfung
DIN 10955 (April 1983)	Sensorische Prüfungen; Prüfung von Packstoffen und Packmitteln für Lebensmittel
DIN 10956 (Sept. 1975)	Sensorische Untersuchungsgeräte; Universal-Prüfgläser und Deckel; Anforderungen, Verwendungshinweise
DIN 10959 (Nov. 1977)	Sensorische Prüfverfahren; Bestimmung der Geschmacksempfindlichkeit
DIN 10960 (Dez. 1981)	Sensorische Untersuchungsgeräte; Prüfgläser für Wein
DIN 10962 (Aug. 1981)	Raum für sensorische Prüfungen (Prüfraum); Anforderungen
DIN 10963 (Nov. 1982)	Sensorische Prüfverfahren – Rangordnungsprüfung

Zu beziehen bei der Beuth Verlag GmbH, Burggrafenstr. 4–10, 1000 Berlin 30

die so entstandene endgültige Formulierung wird dann als Norm inkraftgesetzt. Diese Normen sind aber keine statischen Gebilde. Durch längere Anwendung sammelt man Erfahrungen, welche dazu führen, Neufassungen zu erarbeiten; ein typisches Beispiel ist die Norm DIN 10950, die erstmals im November 1973 ausgegeben wurde und im Oktober 1981 erheblich überarbeitet neu herauskam. Bei der Besprechung der einzelnen Methoden der sensorischen Analyse werden die Normen im Vordergrund stehen.

Aber nicht nur national, sondern auch international wird das Anliegen, die Methoden der sensorischen Analyse zu vereinheitlichen, intensiv verfolgt. Es gibt bei der „International Organisation for Standardization (ISO)“ ebenfalls schon seit vielen Jahren eine Arbeitsgruppe „Sensory Analysis“, die bereits 9 internationale Normen und 4 Normentwürfe verabschiedet hat. Die Vorgehensweise ist prinzipiell der beim DIN ähnlich, nur ist die Zahl der „Schritte" bis zur Verabschiedung naturgemäß größer.

4.2.2 Vereinheitlichung der Begriffe

In früheren Jahren hatte sich immer wieder gezeigt, daß im Rahmen von sensorischen Analysen sehr verschiedene Ausdrücke für „gleiche" Dinge gebraucht wurden, daß eine systematische einheitliche Erklärung für die Begriffe fehlt. Andererseits war aber auch absolut klar geworden, wie wichtig für die Vergleichbarkeit von an verschiedenen Orten durchgeführten sensorischen Analysen nicht nur die angewendete Methode – darauf wird später noch zurückzukommen sein –, sondern auch die Anwendung der „gleichen Sprache" ist. Deshalb war es folgerichtig, daß der Normenausschuß als allererste Aufgabe die Norm „Allgemeine Grundlagen der sensorischen Prüfung" in Angriff nahm, welche die wichtigsten in der Sensorik auftauchenden Begriffe in ihrem Sinngehalt definiert und auch eine Systematik der Prüfverfahren enthält. Diese so festgelegten Begriffe sind einheitlich bei den weiteren Normen verwendet worden. Nebenbei sei erwähnt, daß auch die ISO diese Gedankengänge aufgegriffen hat: Von den neun ISO-Normen tragen allein fünf die Überschrift „Sensory Analysis-Vocabulary".

Was enthält nun diese *„Begriffsnorm"?* Zuerst wird definiert, was man unter sensorischer Prüfung versteht, nämlich die Vorbereitung, Durchführung und Auswertung von Sinnenprüfungen. Dies heißt, daß Prüfpersonen mit ihren Sinnen Produkteigenschaften erfassen und beurteilen, was zusammengefaßt zu einer objektivierten Aussage führt. Es werden also Sinneseindrücke aufgenommen und verarbeitet, wobei im Rahmen einer sensorischen Prüfung folgende Stufen zu beachten bzw. voneinander zu differenzieren sind:

1. Aufnehmen (Empfangen),
2. Bewußtwerden (Erkennen),
3. Behalten (Merken),
4. Vergleichen (Einordnen),
5. Wiedergeben (Beschreiben),
6. Beurteilen (Bewerten).

Dabei sind klar zwei größere Gruppen zu erkennen: Einmal die sinnesphysiologischen Stufen 1 und 2 und zum anderen die „verstandesmäßigen" Stufen 3–6, welche nun mit den 5 Sinnen im Grund nichts mehr zu tun haben, welche aber in gewisser Weise die eigentliche Tätigkeit der Prüfpersonen darstellen.

Bei den Sinneseindrücken unterscheidet man zwischen 5 Gruppen:

1. Visuelle Eindrücke,
worunter Farbe unf Form (äußere Gestalt und äußere Beschaffenheit) sowie Struktur (Gefüge) als Ausdruck der inneren Beschaffenheit unterschieden werden. Andere visuelle Eindrücke sind z. B. Opaleszenz, Glanz, aber auch Trübung.

2. Olfaktorische Eindrücke
Alle mit der Nase wahrnehmbaren Merkmale eines Lebensmittels werden unter dem Begriff „olfaktorische Eindrücke" zusammengefaßt. Dazu gehört in erster Linie selbstverständlich der Geruch, also der Eindruck, der beim Einziehen von Luft durch die Nase erweckt wird. Man unterscheidet dabei den *Anfangsgeruch,* der nur kurz anhält, vom nachfolgenden *Hauptgeruch,* der den Typ der Geruchsrichtung festlegt, wobei Unterschiede durchaus möglich sind. Häufig findet man noch einen *Nachgeruch,* der nach Verflüchtigung von Anfangs- und Hauptgeruch verbleibt. Zu den sonstigen olfaktorischen Eindrücken gehört die Wirkung flüchtiger Stoffe, die z.B. erst beim Kauen oder durch die Wärme der Mundhöhle freigesetzt werden und sozusagen rückwärts, also vom Rachen in die Nase aufsteigen. Am Rande sei vermerkt, daß diese trockenen Ausdrücke wie Hauptgeruch und Nachgeruch den Parfümeuren zu trocken sind, weswegen sie für Anfangsgeruch „Kopfnote" sagen, den Hauptgeruch u.a. als Mittelnote, als Körper, als Fond bezeichnen und beim Nachgeruch von Ausklang reden.

3. Gustatorische Eindrücke
Die nächste Hauptgruppe von Sinneseindrücken sind die gustatorischen Eindrücke, worunter man alle mit Zunge, Mundhöhle und Rachen wahrnehmbaren Merkmale versteht. Dies bedeutet natürlich, daß der Geschmack der „Hauptvertreter" dieser Eindrücke ist, wobei man wieder zwischen Anfangs-, Haupt- und Nachgeschmack unterscheidet (analog zum Geruch). Aber auch die Temperatur des Prüfmaterials, die man ja beim Essen empfindet, zählt zu den gustatorischen Eigenschaften. Auch gehören Empfindungen wie adstringierend, also „zusammenziehend", dazu.

Unter den sonstigen gustatorischen Eindrücken muß auch der Begriff *„Flavour",* der schon auf Seite 20 als problematisch bezeichnet und auf Seite 55/56 definiert wird, erwähnt werden. Es ist dies ein kritischer Punkt bei der sensorischen Analyse, da man beim Verzehren oder – wie der Schweizer sagt – Degustieren eines Lebensmittels eben den Flavour, also das Zusammenwirken von Geruch, Geschmack und haptischen Eindrükken erfaßt, während es andererseits meist für die Beurteilung sehr günstig wäre, wenn man zwischen Geruch, Geschmack und haptischen Eindrükken differenzieren könnte. Hier hilft u.a. intensive Schulung der Prüfpersonen, um aus diesem Dilemma herauszukommen.

4. Haptische Eindrücke
Es ist nun mehrfach der Ausdruck „haptische Eindrücke" gebracht worden. Was versteht man hierunter? Es handelt sich um eine Zusammenfassung der mit den Händen wahrnehmbaren Eindrücke sowie der Empfindungen der Zunge, der Mundhöhle und des Rachens, an denen keine Geschmacksreize beteiligt sind. Gemeint ist also der Tasteindruck, auch taktiler Eindruck genannt. Man könnte auch sagen, es ist der durch die Hände und/oder im Mund wahrgenommene Berührungseindruck (z.B. glatt oder rauh) und der durch Hand- oder insbesondere durch Kaubewegung entstehende sogenannte kinetische Eindruck (z.B. knusprig oder zäh). Übergänge zwischen diesen beiden Begriffen sind sehr häufig.

5. Auditive Eindrücke
Als letztes sind noch die auditiven Eindrücke, also alles, was mit dem Ohr wahrnehmbar ist, zu erwähnen. Ihre Bedeutung für die die sensorische Analyse ist meist gering, aber doch nicht ganz zu vernachlässigen. Dies geht aus Versuchen hervor, bei denen zahlreichen Testpersonen Tonbandaufnahmen der Geräusche, die beim Zerdrücken von 18 verschiedenen Lebensmitteln entstehen, vorgeführt wurden. Die Testpersonen sollten aus einer vorgelegten Liste der 18 Lebensmittel jeweils 4 auswählen, die als Quelle für das Geräusch in Frage kämen. Dabei wurden, um einige Beispiele zu nennen, reife Äpfel, Bonbons und frischer Sellerie verhältnismäßig häufig identifiziert, während unreife Pfirsiche und blanchierte Karotten sich durch ihre Geräusche offenbar nicht zu erkennen gaben.

Diese Aufzählung von Begriffen, von Definitionen sensorisch wichtiger „Worte", zeigt wohl deutlich, welch schwierige Arbeit es ist, solche Dinge klar und eindeutig und leicht verständlich zu definieren. Gerade letzteres ist aber wichtig, weil ja die Prüfpersonen keinesfalls ein Hochschulstudium hinter sich haben müssen.

Was an *„Eigenschaften" bei den Prüfpersonen* notwendig ist, hängt u.a. auch von der Prüfaufgabe ab. Die Norm unterscheidet zwischen 4 Gruppen von Prüfpersonen, die verschiedene Qualifikationen aufweisen müssen. So wird eine Prüfperson als „Laie" bezeichnet, wenn sie ohne vorangegangene Einführung in die Prüfaufgabe und ohne Nachweis ihrer Eignung aufgrund der wahrgenommenen Sinneseindrücke eine Aussage abgibt. Man kann aber dem so definierten Laien auch eine kurze Einführung in die Prüfaufgabe geben und ihn dann als *„unterwiesener Laie"* bezeichnen. Eine Stufe höher ist der *„Prüfer"* angesiedelt, der bereits seine

Eignung für sensorische Prüfungen nachweisen mußte und der für die jeweilige Prüfaufgabe geschult ist, und zwar sowohl was das Prüfverfahren, als das zu prüfende Produkt betrifft. Größere Erfahrungen muß der *„Sachverständige“* haben, denn er muß zusätzlich produktspezifisch geschult sein, produktspezifische technologische Kenntnisse und Erfahrungen besitzen und gleiche Produkte bzw. Produktgruppen ständig zu prüfen haben. Die Spitze ist der *„Sensoriker“,* der mit der gesamten Theorie und Praxis der Sensorik vertraut sein muß und die Qualifikation als Prüfer zu erfüllen hat; er ist für die Tätigkeit eines Prüfungsleiters befähigt, d.h. er muß die Planung, Durchführung und Auswertung sensorischer Prüfungen beherrschen.

Werden die Prüfpersonen als „Einzelprüfperson“ eingesetzt, so prüfen sie für sich allein und ohne Gedankenaustausch während der Prüfung. Unter „Prüfpersonengruppe“ versteht man alle bei einer Prüfung eingesetzten Prüfpersonen. Die Mitglieder können am selben Produkt als Einzelprüfpersonen prüfen oder aber auch im gemeinsamen Gedankenaustausch ihre Beschreibung, Wertung, ihr „Urteil“ über das zu prüfende Produkt abgeben; die jeweilige Form der Prüfung muß natürlich bei der Bewertung und Auswertung des Ergebnisses angegeben und berücksichtigt werden.

Die Norm definiert dann weiter, was man unter „Prüfmaterial“, „Prüfgut“, „Prüfmuster“ und „Prüfprobe“ versteht, sie definiert den Begriff „Probenahme“ – ein ganz entscheidender Gesichtspunkt für die Exaktheit einer sensorischen Prüfung! – und die „Prüfkriterien“. Man kann ja den sensorischen „Gesamteindruck“ wiedergeben, der aus Eigenschaften der Prüfprobe zusammengesetzt ist, die man als „Merkmale“ bezeichnet (z.B. Farbe, Form, Geruch, Geschmack, Textur). Werden mehrere Merkmale zusammengefaßt, so haben wir Merkmalsbereiche, wie z.B. das Aussehen oder das Aroma. Aber auch Merkmale lassen sich häufig noch in Komponenten untergliedern, die man als „Merkmalseigenschaft“ bezeichnet; darunter versteht man z.B. den Süßanteil am Geschmack. Art, Zahl und Bedeutung der Merkmalseigenschaften können von Produkt zu Produkt sehr verschieden sein. Zu beachten ist auch die „Merkmalsausprägung“, worunter man die Intensität des Merkmals oder der Merkmalseigenschaft versteht. Dies kann sowohl positiv als auch negativ zur Beurteilung beitragen. Auch hier wieder die Bemerkung am Rande: Aus der Parfümerie stammt die Sitte, das Zusammenwirken der Merkmale als „Harmonie“ zu bezeichnen, ein Vorgehen, dem sich die Weinprüfer angeschlossen haben. Die Parfümeure und die „Weinzungen“ lieben nun einmal eine blumige Sprache.

4.3 Sensorische Prüfverfahren

4.3.1 Grundsätzliches

Die Norm DIN 10950 unterscheidet grundsätzlich zwischen 2 Gruppen von Prüfungen:

1. *Objektivierte Prüfungen.* Darunter faßt man die sogenannten analytischen Prüfungen zusammen, bei denen Prüfer oder Sachverständige bestimmte Prüfproben nach genauen Vorgaben untersuchen.
2. *Subjektive Prüfungen* (auch hedonische Prüfungen genannt). Hierbei haben die Prüfpersonen nur die Aufgabe, ihre persönliche Einstellung im Hinblick auf vorgegebene Kriterien anzugeben. Am bekanntesten hiervon ist die sogenannte Beliebtheitsprüfung.

Gemeinsam ist beiden Gruppen, daß Probenauswahl, Probenzubereitung und Prüftechnik gleichartig sind; der prinzipielle Unterschied liegt nur in der Fragestellung.

Die sensorischen Prüf*verfahren* werden in 4 Gruppen unterteilt:

1. Unterschiedsprüfungen
2. Beschreibende Prüfungen
3. Bewertende Prüfungen
4. Schwellenprüfungen

Die meisten Prüfverfahren können, wie eben erwähnt, sowohl als analytische als auch als hedonische Prüfungen angelegt werden.

4.3.1.1 Raum für sensorische Prüfungen (Prüfraum)

Bevor auf die einzelnen Prüfverfahren eingegangen wird, soll noch ein Aspekt behandelt werden, dessen Bedeutung für sensorische Prüfungen oft unterschätzt wird. Man kann in der Praxis vielfach beobachten, daß sensorische Prüfungen in irgend einem Nebenraum durchgeführt werden, der an sich völlig anderen Zwecken dient, in dem in irgend einer Ecke ein kleines Tischlein steht, auf dem die Prüfproben abgestellt sind und an dem die Prüfer sozusagen zu einem kurzen Probieren „vorbeimarschieren". Auch ist die sogenannte „Chefsensorik" durchaus nicht immer eine böswillige Unterstellung. Es kommt durchaus vor, daß die zu prüfenden Proben auf eben dem erwähnten Tischlein stehen, nur geht keine Prüfergruppe vorbei, sondern „der Chef" kommt allein und entscheidet, welches z. B. die beste Probe ist. ... Solches ist natürlich für den Sensoriker ein echter

Horror, denn er weiß, wie wichtig für die Objektivierung der sensorisch erhaltenen Ergebnisse auch die äußeren Umstände sind, unter denen diese gewonnen werden. Der Normenausschuß hat dies für so wichtig gehalten, daß er in DIN 10962 eine eigene Norm für die Anforderungen, die an einen Prüfraum zu stellen sind, herausgegeben hat. Man ist dabei durchaus realistisch vorgegangen und hat die Norm in „Mindestanforderungen" und „wünschenswerte Bedingungen" gegliedert, mit anderen Worten, man ist sich klar darüber, daß die Idealvorstellungen nicht immer realisierbar sind, daß aber bestimmte Mindestanforderungen einfach eingehalten werden müssen, um die Durchführung sensorischer Prüfungen unter definierten, kontrollierbaren und reproduzierbaren Bedingungen zu ermöglichen.

DIN 10962 enthält Angaben über die Lage des Prüfraums (diese muß z. B. so sein, daß während der Durchführung sensorischer Prüfungen keine Unterbrechungen und Störungen auftreten), über Größe und Platzbedarf (es ist z. B. wünschenswert, daß etwa 10 Prüfplätze vorhanden sind, von denen jeder eine Tischbreite von 80 cm haben sollte). Von Bedeutung ist auch die Sitzordnung; zwar kann man durchaus auch im Stehen prüfen, sitzen ist aber zweckmäßiger, weil eine sensorische Prüfung ruhig und

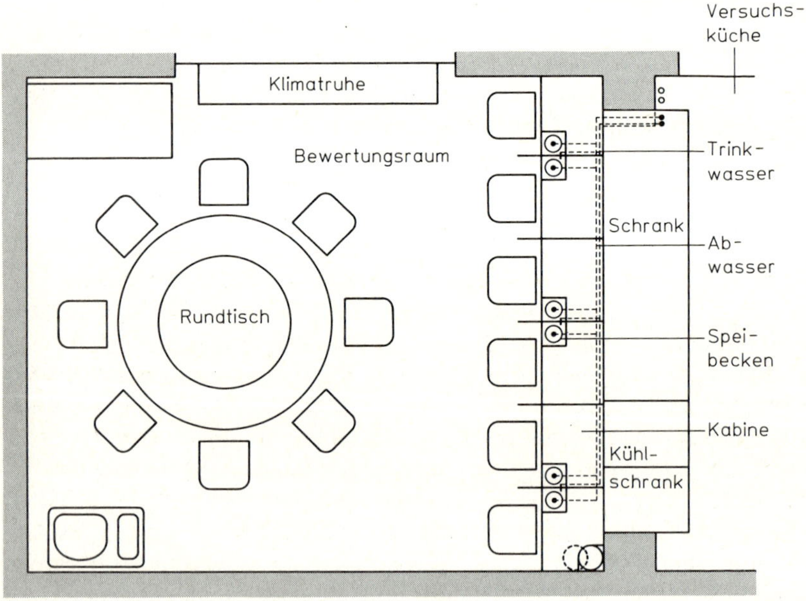

Abb. 46. Grundriß eines vorbildlichen Prüfraumes

Abb. 47. Ausschnitt aus dem Prüfraum der BFE

gelassen vorgenommen werden soll. Man unterscheidet dabei zwischen Kabinen (die nach 3 Seiten vollständig abgegrenzt sein müssen), dem Sitzen am Einzeltisch, der zweckmäßigerweise mit Seitenwänden versehen werden sollte, und Sitzen am Großtisch, wobei runde Tische, ggf. mit drehbarem Innenteil, zu bevorzugen sind. Auch hier muß durch Anbringen von Stellwänden zwischen den einzelnen Prüfplätzen deren Trennung bewirkt werden. Die Norm weist ausdrücklich darauf hin, daß die Bewegungsfreiheit ausreichend groß sein soll, um ein Gefühl des „Beengtseins" zu vermeiden, weil dies die Sicherheit der abgegebenen Urteile beeinträchtigt. In Abb. 46 ist der Grundriß des Bewertungsraumes der BfE als Beispiel wiedergegeben, Abb. 47 zeigt einen Ausschnitt hiervon. Wichtig ist auch die *Farbgebung der Einrichtungsgegenstände* des Raumes; diese muß neutral sein, damit die Farben des Prüfguts nicht beeinflußt werden (s. bei „Prüferschulung"). Matte Farbtöne in gebrochenem Weiß für Wände und Arbeitsfläche des Prüfplatzes (also Tisch) sind am besten geeignet. Im Zusammenhang mit der Beurteilung der Farbe sind auch Art und Anbringung der Lichtquellen im Prüfraum bedeutsam; am besten geeignet sind sogenannte Tageslicht-Leuchtstoffröhren, die so an der Decke zu verteilen sind, daß eine gleichmäßige Helligkeit gewährleistet ist. Die spektrale Strahlendichteverteilung sollte der eines mittleren Tageslichtes entsprechen, die Sonne sollte nicht direkt in den Prüfraum scheinen! Möglichkeiten, die „Lichtfarbe" für spezielle Zwecke variieren zu können (s. auch Abschnitt-Prüferschulung) sollten vorgesehen werden (z. B. Natriumdampflampe).

Zu empfehlen ist auch die Ausstattung des Prüfraums mit einem Klimagerät, das eine Temperatur von 20–22 °C und eine relative Feuchte zwischen 60 und 75% einzuhalten gestattet. Allerdings darf dieses keinen großen Krach machen und keine Geruchsstoffe an den Raum abgeben. Letzteres gilt natürlich auch für alle anderen im Prüfraum befindlichen Materialien und Einrichtungsgegenstände, die keinen störenden Eigengeruch aufweisen dürfen. Vorsicht vor den heute vielfach verwendeten wohlduftenden Hilfsmitteln für die Raumpflegerinnen!

Dies ist nur ein Teil dessen, was in der Norm DIN 10962 alles geregelt ist; die wenigen Angaben mögen aber genügen, um aufzuzeigen, an wie viele Dinge ein Sensoriker denken muß, wie viele Voraussetzungen einzuhalten sind, um das angestrebte Ziel der Objektivierung der Ergebnisse zu erreichen. Auch der Prüfraum hat einen keinesfalls zu vernachlässigenden Einfluß darauf!

4.3.2 Unterschiedsprüfungen

Die Norm 10950 definiert diese Art der sensorischen Prüfungen lapidar: „Unterschiedsprüfungen dienen zur Ermittlung des Unterschiedes zwischen jeweils 2 Prüfproben". Es werden 3 Verfahren erwähnt, nämlich

1. die paarweise Unterschiedsprüfung
2. die Dreiecksprüfung
3. die Duo-Trio-Prüfung.

Dies sind auch die praktisch wichtigsten Unterschiedsprüfungen; neue Verfahren, wie der sogenannte „Tetraden-Test" oder die „Zwei aus Fünf-Prüfung" und ähnliche sind entwickelt worden, haben sich aber bisher noch nicht durchgesetzt.

4.3.2.1 Paarweise Unterschiedsprüfung

Dieses früher auch als „Duo-Test" bezeichnete Verfahren ist eines der ältesten Prüfverfahren und auch eines der einfachsten. Seine Durchführung ist in DIN 10954 geregelt. Danach handelt es sich um ein Verfahren zum *Feststellen sensorischer Unterschiede oder auch Übereinstimmungen zwischen zwei Prüfmustern.* Dabei kann der Unterschied in der Art des Prüfmusters liegen, aber genau so nur in der Ausprägung bzw. Intensität bestimmter Merkmale oder Merkmalseigenschaften. Die Fragestellung kann also sehr verschieden sein: Es kann z.B. nur die einfache Frage gestellt werden, ob überhaupt ein Unterschied zwischen den beiden Proben erkennbar ist, aber es kann auch gefragt werden, welche Probe in einem

Merkmal stärker ausgeprägt ist, wobei das Merkmal (z. B. Süße, Säure, aber auch Konsistenzkriterien wie knusprig usw.) meist vorgegeben wird. Sehr häufig wird die paarweise Unterschiedsprüfung auch in Form einer Beliebtheitsprüfung angelegt, d. h. es wird gefragt, welche Probe bevorzugt wird. Die Norm weist auf die Bedeutung der Art der Probenahme hin, legt für die Anzahl der Prüfpersonen fest, daß zweckmäßigerweise mindestens 7 geschulte Prüfpersonen einzusetzen sind, außer bei der Frage nach der Beliebtheit, wo mindestens 30 Laien verfügbar sein sollen. Ein Prüfraum gemäß Norm DIN 10962 wird empfohlen. Je nach Prüfzweck und/oder Prüfgut sind vor der Durchführung Zubereitungsart der Proben, Probenmenge, Anzahl der Proben, ggf. Maskierung einzelner Merkmale (s. später bei Prüferschulung) und Temperatur der Proben festzulegen; die Proben sollen mit Zahlen verschlüsselt werden, und zwar für jede Prüfung neu, auch wenn sich das Prüfgut innerhalb der Probenpaarreihe wiederholt. Grundsätzlich wird verlangt, daß die Prüfpersonen über den Zweck der Prüfung unterrichtet sind; das festzustellende Merkmal muß entweder vor der Prüfung beschrieben werden oder den Prüfpersonen bekannt sein. Häufig ist es günstig, vor der eigentlichen Prüfung Tests mit entsprechenden typischen Proben durchzuführen; der Prüfungsleiter hat aber dafür zu sorgen, daß durch diese „Vorübungen" das Ergebnis der nachfolgenden eigentlichen Prüfungen nicht beeinflußt werden kann.

Bei der Durchführung der paarweisen Unterschiedsprüfung ist darauf zu achten, daß die Probenpaare – es wird ja praktisch immer eine Probenpaarreihe durchgeprüft, um die für die statistische Auswertung notwendige Zahl der Urteile zu bekommen – stets gleichartig aufgestellt und dargereicht werden, so daß die Prüfpersonen keine Schlüsse auf das Prüfgut ziehen können. Es müssen also identische Prüfgeräte (z. B. Gläser) verwendet und eine gleichartige Aufstellung der Prüfmuster gemacht werden; allerdings soll die Reihenfolge der Prüfmuster innerhalb der Probenpaare zufallsmäßig wechseln. Zur Prüftechnik wird festgelegt, daß jedes Probenpaar in der gleichen Reihenfolge zu prüfen ist (also entweder jeweils links oder auch rechts beginnend).

Aus den bereits erwähnten drei möglichen Fragestellungen ergeben sich für die Prüfung unterschiedliche Prüfsituationen, für die in der Norm spezielle Formulare zum Eintragen der Urteile vorgeschlagen werden. Für die statistische Auswertung werden Richtlinien für alle Prüfsituationen gegeben; die statistische Sicherung kann anhand einer der Norm beigefügten Tabelle erfolgen.

Die ISO hat im übrigen dieses sensorische Verfahren unter der Nummer 5495–1983 (E) ebenfalls genormt. Die ISO- und die DIN-Norm unterscheiden sich im Prinzip nur wenig, allerdings hat die ISO die ganz einfache Form der Fragestellung, ob also überhaupt ein Unterschied besteht, nicht aufgenommen, sondern nur „gerichtete" Fragen vorgeschrieben, und zwar

1. welche dieser 2 Proben ist (z. B.) süßer, salziger usw.?
2. welche von den beiden Proben würden Sie bevorzugen?
3. welche von diesen Proben ist in welchem Merkmal stärker?

Frage 3 ist im Prinzip dieselbe wie unter 1 erwähnt, nur wird die Art des Unterschiedes nicht vorgegeben; dieser soll vielmehr herausgefunden werden. Wenn eine statistische Auswertung erfolgen muß, ist die Antwort „kein Unterschied" nicht zulässig oder solche Antworten dürfen nicht einbezogen werden. Auch die ISO empfiehlt bestimmte Fragebogen und gibt Tabellen zur statistischen Auswertung an.

DIN 10954 umfaßt einschließlich Tabellen- und Formularanhang insgesamt 6 DIN-A 4-Seiten. Es mag verwunderlich erscheinen, daß für eine so einfache sensorische Prüfung so viel Papier „verschwendet" wird. Es ist aber keine Verschwendung, vielmehr ein typisches Beispiel dafür, bis zu welchen – man möchte fast sagen Kleinigkeiten – die Durchführung einer sensorischen Prüfung geregelt werden muß, um die möglichst weitgehende Objektivierung und Absicherung zu erreichen, sowie insbesondere auch die Reproduzierbarkeit der Ergebnisse zu verbessern. Daran ist auch bei der nachfolgenden Beschreibung der anderen sensorischen Prüfverfahren, die in kürzerer Form erfolgt, immer wieder zu denken; die Bedeutung dieser „Festlegung aller Einzelheiten" für die „Güte" der Ergebnisse kann kaum überschätzt werden.

4.3.2.2 Dreiecksprüfung (DIN 10951)

Der „Triangel"-Test, wie die Dreiecksprüfung früher und auch heute noch oft genannt wird, gehört zu den ältesten und sehr häufig angewendeten sensorischen Prüfverfahren. Sie ist dadurch gekennzeichnet, daß gleichzeitig drei Proben dargereicht werden, von denen jeweils *zwei identisch* sind; die abweichende Probe ist von den Prüfpersonen festzustellen. Die Norm legt wiederum die Bedingungen für Probenahme, Kenntnisgrad und Eignung der Prüfpersonen (es kommen nur Prüfer, Sachverständige und Sensoriker in Frage), für Anzahl und Sitzordnung der Prüfer (wobei mindestens fünf geschulte Prüfpersonen je Prüfung verlangt werden), für Geräte und Hilfsmittel wie Prüfraum (s. 4.3.1.1), und für die zu verwendenden Prüfgefäße (s. 129) fest. Auch die Angaben zur Vorbereitung und zum Verschlüsseln der Proben sowie über Vorabsprache sind identisch mit DIN 10954. Was die Dreier-Probengruppen anbetrifft, welche Proben A und B enthalten, so können 6 verschiedene Aufstellungsmöglichkeiten realisiert werden: AAB, ABA, BAA, ABB, BAB, BBA. Diese Anordnungen sollen nach einem Zufallssystem getroffen werden. Durch das Aufstellen der Proben im Dreieck wird die Zufälligkeit der Anordnung besser sichtbar gemacht (und daher kommt ja auch der Name des Prüfverfahrens). Innerhalb einer Prüfung müssen aber die Proben A und B insgesamt in gleicher Anzahl vorgelegt werden. Es wird auch hier empfohlen, in jeder Dreier-Probengruppe in gleicher Reihenfolge zu prüfen. Ausdrücklich wird sogenanntes „Rückprüfen" innerhalb der Probengruppen als zulässig erklärt. Die Fragestellung lautet immer: *„Welches ist die abweichende Probe?"* und kann je nach Problemstellung noch erweitert werden, z. B. hinsichtlich Art und ggf. Intensität der Abweichung. Die Norm gibt wiederum Empfehlungen für Formulare sowohl für die einfache als auch für die erweiterte Dreiecksprüfung; eine Tabelle für die statistische Auswertung ist ebenfalls enthalten.

4.3.2.3 Duo-Trio-Prüfung

Für dieses Prüfverfahren wurde bis jetzt noch keine DIN-Norm ausgearbeitet, obwohl es gar nicht so selten eingesetzt wird bzw. eingesetzt werden könnte. Es gibt gewichtige Stimmen, welche diesem Verfahren sogar gegenüber der Dreiecksprüfung bestimmte Vorteile zuschreiben.

Nach DIN 10950 ist die Duo-Trio-Prüfung folgendermaßen definiert:

> „Gleichzeitige Vorlage einer Einzelprobe und eines oder mehrerer Probenpaare, in denen eine Probe identisch mit der Einzelprobe ist. Die Prüfpersonen haben zu unterscheiden, welche Probe im Probenpaar mit der Einzelprobe übereinstimmt."

Dies bedeutet, daß man bei der Duo-Trio-Prüfung einer meist als Kontrollprobe K bezeichneten Einzelprobe Probenreihen von je zwei Stück gegenüberstellt, wobei eine davon jeweils mit der K-Probe identisch ist. Man muß sich also nur einmal den jeweiligen Sinneseindruck der Kontrollprobe einprägen und kann dann immerhin einige „Zweierreihen" von K und A (= Analysenprobe) nacheinander testen, um herauszufinden, welche jeweils mit der einzelnen K-Probe identisch ist. Selbstverständlich muß der Prüfungsleiter dafür sorgen, daß die „Zweierreihen" mit Zahlen verschlüsselt werden und bei der Probenaufstellung auf zufallsbedingte Verteilung der Stellung von A- und K-Proben gegenüber der bekannten Kontrollprobe geachtet wird. Eine Variation der Duo-Trio-Prüfung ist, wenn nicht – wie in der Definition nach DIN 10950 verlangt – nach der übereinstimmenden, sondern nach der abweichenden Probe gefragt wird. Die meisten Prüfpersonen empfinden aber diese Fragestellung als „schwieriger".

4.3.3 Beschreibende Prüfungen

In DIN 10950 sind drei Arten von beschreibenden Prüfungen definiert, die alle auf eine möglichst weitgehende Aufgliederung der Merkmalseigenschaften von Lebensmitteln zielen:

1. *Einfach beschreibende Prüfung,* bei der mit frei zu wählenden Worten der sensorische Eindruck – sowohl insgesamt als auch eines bestimmten Merkmals eines Lebensmittels – von einer, meist jedoch von mehreren Prüfproben beschrieben wird. Sensorische Standards sollten möglichst als Bezugsprobe vorliegen.
2. *Profilprüfung.* Diese ist folgendermaßen definiert: „Die Merkmalseigenschaften einer oder mehrerer Prüfproben werden umfassend nach Geruchs-, Geschmacks- oder Textur-Teilkomponenten beschrieben (entweder frei zu wählende oder vorgegebene Worte), und zwar in der Reihenfolge ihres Auftretens (Merkmalsausprägung nach der Zeit) und nach ihrer jeweiligen Intensität (Merkmalsausprägung nach Intensität)."
3. *Verdünnungsprüfung.* Hier unterscheidet man zwei Variationen, einmal die sogenannte einfache Verdünnungsprüfung, bei der die Prüfpersonen festzustellen haben, bei welchem Verdünnungsgrad eine Geruchs-, Geschmacks- oder Textureigenschaft nicht mehr wahrgenommen wird. Die Genauigkeit der Profilprüfung kann durch die Verdünnungsprofilprüfung, also die zweite Art der Verdünnungsprüfung, erhöht werden. Diese wird dann angewendet, wenn sensorische Eindrücke bei der Ausgangskonzentration nicht unterscheidbar oder erkennbar sind.

4.3.3.1 Einfach beschreibende Prüfung

Hierfür liegt noch keine DIN-Norm vor, nur ein Entwurf, ein „Gelbdruck", unter der Nummer DIN 10964. Er ist in gleicher Weise aufgebaut wie die bisher beschriebenen Normen, also nach Anwendungsbereich und Zweck, nach Kurzbeschreibung, Probenahme, Prüfpersonen, Geräte und Hilfsmittel, Vorbereitung der Proben, Durchführung, Prüfformular, wobei jeweils praktisch die gleichen Formulierungen wie in den anderen Normen verwendet werden. Dem Zweck der Norm entsprechend sind aber „Listen beschreibender Ausdrücke für Merkmalseigenschaften" angehängt. Die darin erwähnten Ausdrücke sind Beispiele; sie müssen dem jeweiligen Prüfgut und der Aufgabenstellung angepaßt werden. Natürlich können die bis jetzt angegebenen Ausdrücke nicht vollständig sein; sie dienen als Anhaltspunkt. Ergänzende Beschreibungen oder Bemerkungen zu Merkmalseigenschaften und zu deren Ausprägungen dürfen – und sollen – angegeben werden. Einige Beispiele mögen den Inhalt dieser Listen charakterisieren: Die Farbe kann z. B. blaß, dunkel, künstlich, glänzend, trübe, unnatürlich, matt und stumpf, die Form atypisch, beschädigt, geschrumpft, rissig, prall und zerfallen sein. Beim Geruch findet man Beschreibungen wie flach, fruchtig, gärig, kräuterartig, modrig, aromatisch, rauchig, und abgerundet. Ganz ähnliche Ausdrücke tauchen beim Geschmack auf, wozu noch Worte wie vollmundig, brennend und ölig kommen. Die Konsistenz kann u. a. fest oder elastisch, aber auch fettig oder kremig, feucht oder mehlig, schleimig oder speckig sein, um nur ganz wenige der insgesamt – im Entwurf! – enthaltenen 45 Wortbeispiele zu nennen.

4.3.3.2 Profilprüfung

Hierbei handelt es sich um ein sehr schwieriges sensorisches Verfahren; nach G. Jellinek gehört die Profilprüfung zur „Hohen Schule" der sensorischen Analyse. Nicht umsonst steht in der Definition der Profilprüfung: „Die Merkmalseigenschaften ... werden *umfassend* beschrieben ..." Es ist auch eine noch sehr „junge" Methode, denn erst 1950 wurde aus dem Bereich der Parfümerie über die Grundsätze der Methode berichtet. Nun sind Parfümeure sehr geübt, Düfte zu beschreiben, während dies bei Lebensmitteln im Hinblick auf die bereits erwähnten Kriterien Farbe, Form, Geruch, Geschmack und Konsistenz wohl insgesamt schwieriger ist. Daher erfordert die Profilmethode eine sehr lange, sehr weitreichende und intensive Schulung der eingesetzten Prüfpersonen (s. später), die in die Lage versetzt werden sollen, den Anforderungen an eine effiziente Profilprüfung zu genügen; dies mag u. a. auch ein Grund dafür gewesen sein, daß jetzt eine Norm für die einfach beschreibende Prüfung angestrebt wird (s. 4.3.3.1), um schon die Erarbeitung des Vokabulars für eine spätere Profilprüfung zu erreichen.

Drei Aufgaben hat der Prüfer bei einer Profilprüfung:

1. Beschreiben der *einzelnen Komponenten,* z. B. von Geruch und anschließend vom Geschmack des betreffenden Lebensmittels und zwar in der Reihenfolge der Wahrnehmung dieser Komponenten.
2. Angabe der *Intensität* jeder einzelnen Komponente.
3. Beurteilung des *Zusammenwirkens* – der „Harmonie" –; daraus Bildung eines Gesamtqualitätsurteils.

Dies klingt, wenn man es flüchtig überliest, gar nicht so furchtbar kompliziert. Erst wenn man selbst versucht, bei einem Lebensmittel einzelne

Komponenten des Geschmacks – z. B. Süße und Säure, um ein noch verhältnismäßig einfaches Beispiel zu wählen – in der Reihenfolge ihrer Wahrnehmung und gleichzeitig in der Intensität ihres Auftretens zu differenzieren, merkt man, wie schwierig so etwas ist. Und daraus noch ein Gesamturteil zu bilden, also auch über die bereits erwähnte „Harmonie" zu entscheiden, erfordert hohe Produktkenntnis, ist aber auch in gewissem Umfange durch individuelle Unterschiede geprägt. Hierzu können aber Vorgaben gemacht werden, können Beispiele gebracht werden, an denen man die „Denkvorgänge" einübt, die dann auch auf andere Produkte wenigstens in gewissem Umfange übertragbar sind. Ein Beispiel mag erläutern, was mit diesen Erörterungen gemeint ist: Jeder Weingenießer weiß, daß nur ein ausgewogenes Verhältnis von Süße und Säure – natürlich im Zusammenwirken mit den sonstigen Aromastoffen des Weines (s. 3.4.2) – einen Spitzenwein ausmacht. Viele Weingenießer sind aber gar nicht so sehr begeistert von dem Überwiegen der Süße in einer Trockenbeerenauslese, während sie bei einem Eiswein, der durchaus gleich viel „Süße" in sich haben kann, in höchste Begeisterung ausbrechen. Warum? Nun, im Eiswein kommt die Säure deutlich stärker „zum Ausdruck"; dieser Wein kommt dem betreffenden Genießer viel ausgewogener, „harmonischer" vor.

4.3.3.3 Verdünnungsprüfungen

Einfache Verdünnungsprüfung. Dieses auf Seite 132 definierte Verfahren wird nur relativ selten angewendet; es hat eine gewisse Bedeutung bei der Schulung von Prüfpersonen, speziell für die Verdünnungsprofilprüfung.

Verdünnungsprofilprüfung. Gar nicht selten kommt es bei Lebensmitteln vor, daß einzelne Merkmalskomponenten durch andere überdeckt werden, also bei einer Profilprüfung nicht bemerkt werden können. Häufig gelingt es aber, auch solche Komponenten zu erfassen, wenn man die betreffenden Lebensmittel verdünnt. Dies geht natürlich am einfachsten bei flüssigen Produkten; so kann man, um ein Beispiel zu nennen, negative Geschmackskomponenten von Weinbrand sozusagen „deutlich" machen, wenn man die Spirituose stufenweise verdünnt. Natürlich muß der Prüfer dabei davon abstrahieren, daß ein Weinbrand bei Verdünnung mit Wasser „anders" schmeckt. Er muß vielmehr darauf achten, ob neue, vorher nicht bemerkte Geschmackskomponenten auftauchen bzw. ob sich die Intensität der bereits erfaßten Merkmalskomponenten in ihrem Verhältnis zueinander verschiebt. Für die Intensitätsskala werden je nach Prüfzweck bei Profil- und Verdünnungsprofilprüfungen verschiedene Umfänge angegeben. Häufig wird folgende Abstufung empfohlen:

0 = keine Feststellung des vorgegebenen Merkmals bzw. der Merkmalseigenschaften (z. B. Geruch/Geschmack etc.)
? = fraglich, ob ein Eindruck vorliegt
1 = sehr schwach
2 = schwach
3 = deutlich/mittelstark
4 = stark
5 = sehr stark

Oft wird aber auch nur zwischen nichtvorhanden, schwach, mittel und stark unterschieden bzw. kann unterschieden werden.

Für die Wiedergabe von Ergebnissen von Profil- und Verdünnungsprofilprüfungen wird neuerdings die Tabellenform empfohlen. Sehr anschaulich ist aber eine graphische Form der Wiedergabe, wie in Abb. 48 schematisch dargestellt ist.

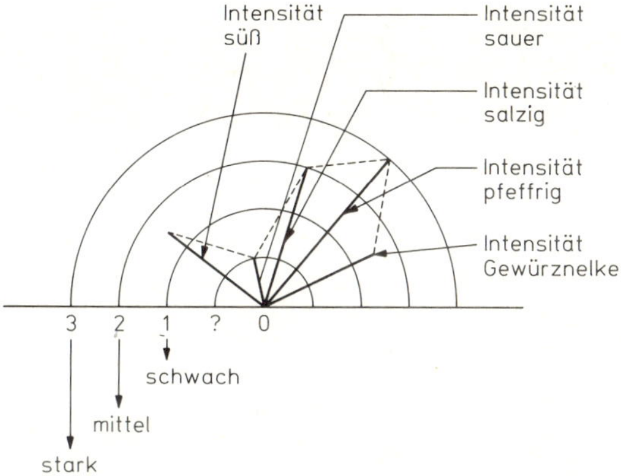

Abb. 48. Schematische Darstellung der Ergebnisse der Profilanalyse eines hypothetischen Lebensmittels mit den gedachten Geschmacks-Merkmalskomponenten süß, sauer, salzig, pfeffrig, Gewürznelke

In diesem gedachten Beispiel hatte also süß die Intensität 1,5, sauer wäre fraglich, salzig wäre mit der Intensität 2, pfeffrig mit der Intensität 3 und Gewürznelke wiederum mit der Intensität 1,5 gefunden worden.

Gerne wurden früher auch diese Intensitäts-„Geraden" miteinander verbunden, wie es durch die gestrichelte Linie angedeutet ist. Dies erleichtert den Vergleich von Profilprüfungen, führt aber auch dazu, daß falsche Assoziationen im Hinblick auf das Gesamturteil geweckt werden können: Wenn das von der gestrichelten Linie umschlossene Gebiet größer ist, könnte der Verdacht aufkommen, das Gesamturteil über das jeweilige

Produkt müßte besser sein, was natürlich absolut nicht der Fall ist, denn es ist leicht einsehbar, daß z.B. ein versalzenes Produkt, wo also die Intensität salzig sehr hoch ist, absolut nicht zu den Spitzenqualitäten zu zählen ist.

Aus diesem Grund wendet man diese graphische Darstellung der Ergebnisse von Profilprüfungen nur selten an; sie ist jedoch sehr anschaulich, wenn man Vergleiche anstellen will. Ein hübsches Beispiel sei nachfolgend dargestellt.

In einer sehr umfangreichen in den USA durchgeführten Untersuchung wurde die sensorische Profilprüfung *verschiedener Bierarten und -sorten* erarbeitet und verglichen. Wie aufwendig solche Untersuchungen sind, sei mit einigen wenigen Zahlen dargelegt. So wurden etwa 200 Prüfpersonen getestet, davon wurden 50 ausgewählt und weiter mit der Dreiecksprüfung auf ihr Unterscheidungsvermögen für Bier geprüft. Gleichzeitig wurden bei diesen Untersuchungen sensorische Charakteristika von Bier festgestellt, woraus entsprechende Beschreibungen, ein „Wortschatz", entstand. Mit diesen so ausgewählten Prüfpersonen wurden insgesamt 607 Bierproben aus 83 verschiedenen Suden durchgetestet, was zu insgesamt 10000 sensorischen Angaben führte. Die Untersuchungen benötigten einschließlich der Prüferschulung 3 Jahre. Für die Schlußauswertung wurden 12 für Bier charakteristische Merkmalseigenschaften des Geschmacks verwendet. Die Darstellung erfolgte graphisch; Abb.49 gibt einen Ausschnitt aus den Ergebnissen wieder.

Die Darstellung zeigt eindeutig, daß Importbier bezüglich Flavorstärke, Nachgeschmack, bitter, hopfig, malzig, aber auch – in geringem Umfang –

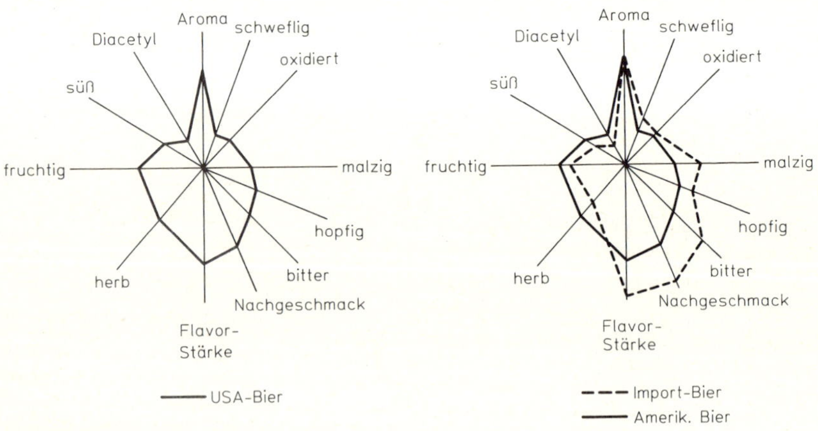

Abb.49. Vergleich des Geschmacksprofils eines typischen amerikanischen Biers mit dem eines Importbieres

schwefelig höhere Intensitäten aufwies. Man kann aus der Abbildung zusätzlich entnehmen, daß nicht nur positive Merkmalskomponenten, sondern auch solche negativer Art bei der Profilprüfung berücksichtigt werden müssen. Das Beispiel demonstriert, wie anschaulich mit dieser Darstellung Unterschiede zwischen verschiedenen Proben werden können.

Ein weiteres Beispiel ist der Vergleich von frischen und tiefgefrorenen Erdbeeren.

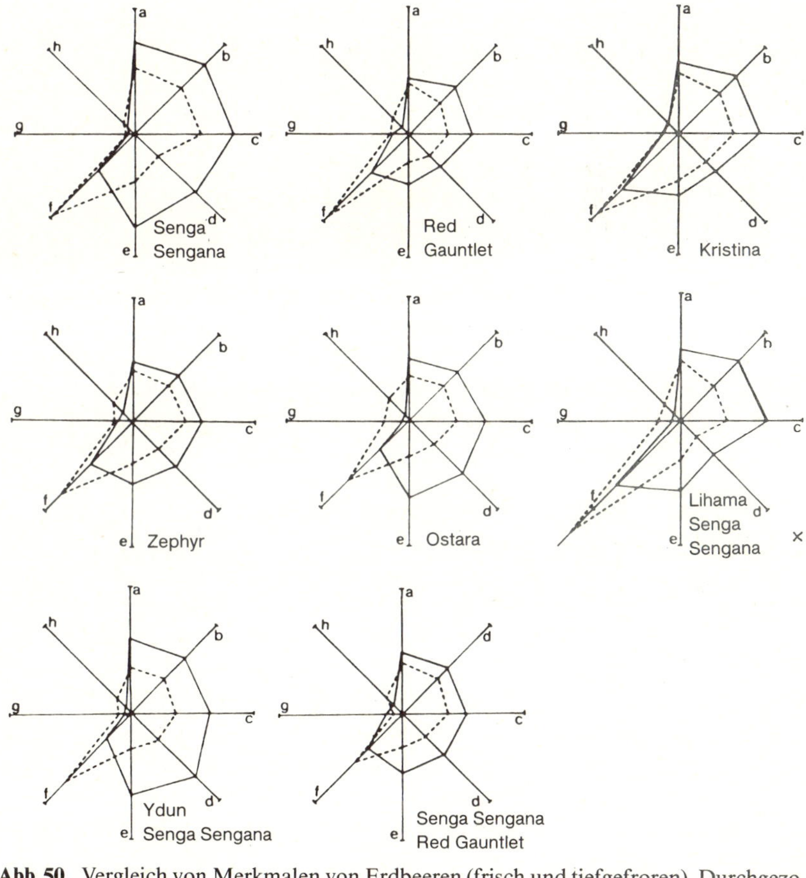

Abb. 50. Vergleich von Merkmalen von Erdbeeren (frisch und tiefgefroren). Durchgezogene Linie: frische Früchte; gestrichelte Linie: tiefgefrorene Früchte, wieder aufgetaut. **a**: Geruchsintensität; **b**: Geruchscharakter; **c**: Gesamteindruck des Geruchs; **d**: Süße; **e**: Gesamteindruck Geschmack; **f**: Säure; **g**: Fehlgeruch; **h**: Fehlgeschmack

Es ist klar zu erkennen, daß die Intensitäten der verschiedenen „Geschmackskriterien“ – auf Einzelheiten soll gar nicht eingegangen werden – doch sehr verschieden sind. Bei allen Proben war die Eigenschaft „f“, nämlich die Säure, im tiefgefrorenen Produkt stärker, während Süße „d“ immer schwächer war.

4.3.4 Bewertende Prüfungen

Ziel aller Bewertenden Prüfungen ist es, die Prüfprobe insgesamt oder aber auch hinsichtlich einzelner Merkmale zu bewerten. Ebenfalls als Bewertung anzusehen ist, wenn eine Klassifizierung im Sinne einer Einordnung in Qualitätskategorien, in Qualitätsklassen oder Qualitätsbereiche vorgenommen wird.

4.3.4.1 Rangordnungsprüfung (DIN 10963)

Sinn dieses Prüfverfahrens ist es, zwei oder mehrere Proben aufgrund eines vorgegebenen Kriteriums in eine Rangfolge zu bringen. Die Zahl der Proben darf maximal 12 betragen, die Probenreihe kann in beliebiger Reihenfolge aufgestellt und beurteilt werden; man kann auch eine Probenreihe mehrfach mit verschiedener Verschlüsselung darreichen. Rang 1 erhält die Probe mit der stärksten oder aber schwächsten Ausprägung des zu prüfenden Merkmals oder der Merkmalseigenschaft; den übrigen Proben werden die weiteren Ränge je nach Probenzahl zugeordnet. Rang 1 kann also die härteste, aber auch die weichste Probe einer Probenreihe erhalten, ebenso die sauerste bzw. die am wenigsten saure; dies wird vor der Prüfung festgelegt. Zweckmäßigerweise versuchen die Prüfer zunächst eine vorläufige Rangfolge aufzustellen und diese durch nochmaliges Bewerten zu überprüfen. Hat der Prüfer den Eindruck, daß zwei Proben im Hinblick auf das zu beurteilende Merkmal „gleichwertig“ sind, so hat er zwar eine Rangfolge aufzustellen, aber unter „Bemerkungen“ einzutragen, daß nach seinem Eindruck diese zwei Proben gleich sind; bei der statistischen Auswertung kann dies dann entsprechend berücksichtigt werden. Die Auswertung ist sehr eingehend in der Norm beschrieben.

Man wendet das Verfahren zur relativ schnellen Einteilung von Produkten z. B. nach Art und Ausprägung einzelner Merkmale, Merkmalseigenschaften oder aber auch bzgl. des Gesamteindrucks an. Auch zur Schulung und Auslese von Prüfpersonen ist es sehr geeignet, ebenfalls zum Vorsortieren von Prüfmustern für andere Prüfverfahren (z. B. Bewertende Prüfung mit Skale).

4.3.4.2 Bewertende Prüfung mit Skale

Zusammen mit den Unterschiedsprüfungen gehört dieses Prüfverfahren zu den wichtigsten und am häufigsten durchgeführten sensorischen Prüfungen. Obwohl dies selbstverständlich auch dem Normenausschuß bekannt war und er deswegen die Normung des Verfahrens schon bald nach seiner Gründung anstrebte, konnte erst im Oktober 1978 Teil 1 der Norm DIN 10952, nämlich der Teil, der sich mit dem eigentlichen Prüfverfahren befaßt, erscheinen. Teil 2, nämlich „Erstellen von Prüfskalen und Bewertungsschemata" für die Bewertende Prüfung mit Skale, ist erst im September 1983 herausgekommen, weil sich gegen den Entwurf (den Gelbdruck) vom März 1981 eine große Zahl von Einsprechern gemeldet hatte. Dies war keinesfalls verwunderlich, denn die Bewertende Prüfung „bewertet" ja u.a. die Qualität eines Lebensmittels und solche Bewertungen können sich selbstverständlich in großem Umfange wirtschaftlich auswirken (s. Seite 4/5, Beispiel Butter). Dazu kam, daß die Deutsche Landwirtschaftsgesellschaft (DLG) bei ihren Qualitätsprüfungen sehr verschiedenartige Beurteilungsschemata entwickelt und angewendet hatte und diese nur langsam auf die Grundsätze der Bewertenden Prüfung mit Skale nach DIN 10952 Teil 1 umstellen konnte. Sie ging bei dieser Umstellung eigene Wege, was die Gestaltung der Prüfskale und der Bewertungsschemata für die einzelnen Lebensmittel anbetrifft. Diese Schwierigkeiten sind inzwischen einvernehmlich überwunden, das Ergebnis ist Teil 2 von DIN 10952.

Was beinhaltet diese Norm? Nun, einmal werden in Teil 1 nach der üblichen Darstellungsweise zuerst Zweck und Anwendungsbereich der Bewertenden Prüfung mit Skale festgelegt. Dabei wird ausgesagt, daß die sensorische Bewertung von Prüfmustern nach diesem Verfahren eine Bewertung der Sinneseindrücke nach Art und Intensität einschließt. Es ist anwendbar zum Bewerten von vorher festgelegten Merkmalen von Lebensmitteln; man kann mit ihm u.a. den Einfluß unterschiedlicher Rohware, Erzeugung, Verarbeitung, Behandlung, Verpackung und Lagerung beurteilen.

Die Kurzbeschreibung erläutert das prinzipielle Vorgehen: Die Prüfproben werden den Prüfpersonen einzeln oder gleichzeitig in beliebiger Reihenfolge (ggf. aber auch nach einem Prüfplan) vorgelegt. Vorgegebene Merkmale werden einzeln auf der Grundlage einer Skale gleichen Umfangs mit Hilfe eines beschreibenden Bewertungsschemas beurteilt, die Ergebnisse der Prüfung können statistisch ausgewertet werden, wobei aus den Einzelnoten für jedes Merkmal Häufigkeitsverteilungen erstellt und die Durchschnittswerte berechnet werden. Auch andere statistische Auswertungsverfahren können verwendet werden (z.B. Regressionsanalyse, Varianzanalyse).

Wie bei den anderen Normen wird dann auf Fragen zur Probenahme, zu Kenntnisgrad und Eignung sowie zu Anzahl und Sitzordnung der Prüfpersonen eingegangen; es sollen mindestens fünf geschulte Prüfpersonen je Prüfung eingesetzt werden. Für jedes zu bewertende Merkmal werden mindestens fünf Urteile verlangt. Der Prüfraum soll der Norm DIN 10962 entsprechen; die Prüfgefäße müssen in Werkstoff, Form usw. einheitlich sein und dürfen das Prüfgut nicht beeinflussen. Wenn für das entsprechende Prüfgut bereits Normen für das Prüfgefäß vorliegen (z.B. DIN 10960 „Sensorische Untersuchungsgeräte: Prüfgläser für Wein“), so sollen diese verwendet werden. Angaben über Zubereitungsart, Probenmenge, Probenzahl, Probentemperatur, Maskierung einzelner Merkmale sind festzulegen. Ausdrücklich wird erwähnt, daß die Temperatur der Proben sowohl im Augenblick des Darreichens als auch während der ganzen Prüfung gleich sein sollte. „Die Anzahl der Proben ist der Anzahl der zu beurteilenden Merkmale, dem Schwierigkeitsgrad und den Genauigkeitsanforderungen anzupassen“. Die Proben werden mit Zufallszahlen verschlüsselt und zwar für jede Prüfung neu, auch wenn das Prüfgut sich wiederholt.

Der Prüfzweck ist den Prüfpersonen zu erläutern, wobei sicher sein muß, daß die Merkmale beschrieben werden bzw. den Prüfpersonen schon bekannt sind. Es kann sich also die Notwendigkeit ergeben, vor der Prüfung den Prüfpersonen typische Proben vorzulegen und zu erläutern; man kann diese Bezugsproben auch zuerst nach gemeinsamer Aussprache bewerten. Die Darreichung muß so erfolgen, daß die Prüfer daraus keine Schlüsse auf das Prüfgut ziehen können. Man soll also, wenn man die Verschlüsselung z.B. nur mit den Zahlen 1 bis 5 – was an sich nicht empfohlen wird, denn man sollte eigentlich mit dreistelligen Zufallszahlen verschlüsseln – vornimmt, nicht die „beste“ Probe mit 1 und die „schlechteste“ mit 5 (oder umgekehrt) bezeichnen, denn Prüfpersonen neigen völlig unbewußt dazu, solche Reihenfolgen in die Urteile mit hineinzunehmen. Zweckmäßig ist es, in die Probenreihen Bezugsproben einzufügen; dies erlaubt eine Kontrolle der Urteilsfähigkeit der Prüfpersonen. Zur Prüftechnik legt die Norm fest, daß in beliebiger Reihenfolge geprüft werden muß, außer wenn der Prüfungsleiter aus bestimmten Gründen einen Prüfplan festgelegt hat. Es werden entweder alle Merkmale einer Probe oder einzelne Merkmale aller Proben (z.B. Farbe) je nach Art des Prüfgutes nacheinander beurteilt. Angeraten wird, zwischen der Beurteilung einzelner Proben Geschmackseindrücke durch Wasser, schwachen Schwarztee oder Weißbrot zu neutralisieren. Bei der Bewertung der einzelnen beurteilten Merkmale dürfen nur ganze Noten verwendet werden; es wird im Teil 1 schon erwähnt, daß ein beschreibendes Bewertungsschema zugrunde gelegt werden muß.

Meist wird der Zweck der Prüfung schon durch die Bewertung der einzelnen Merkmale bzw. Merkmalseigenschaften erfüllt. In einzelnen Fällen kann es aber nötig sein, eine *Gesamtnote* für ein Produkt zu bilden. Diese wird aus den Durchschnittsnoten für die einzelnen Merkmale ermittelt, wobei diese je nach Art des geprüften Lebensmittels gewichtet werden müssen. Es leuchtet ja ein, daß in den meisten Fällen der Geschmack das wichtigste Merkmal eines Lebensmittels ist, während die äußere Form oder die Farbe nur sozusagen eine „Randerscheinung" darstellen. Würde man also nur die Durchschnittsnoten für die einzelnen Merkmale addieren und den Mittelwert bilden, so käme ein völlig verschobenes „Gesamturteil" heraus. Man multipliziert also die für die einzelnen Merkmale gegebenen Noten mit einem „Gewichtungsfaktor" und dividiert die Summe der so erhaltenen Zahlen mit der Summe der Faktoren.

Ein Beispiel hierfür: Nimmt man für Farbe und Form den Gewichtungsfaktor 1, für Geruch 2, für Geschmack 4 und für Konsistenz 2, so hat man eine reale Gewichtung der Bedeutung von Merkmalseigenschaften, die für manche Lebensmittel durchaus zutreffend sein kann. Die Summe der Gewichtungsfaktoren ist 10, so daß die Errechnung des Gesamtqualitätsurteils sehr leicht ist: Man braucht nur die Produkte zusammenzählen und das Komma um eine Stelle nach links verschieben! Selbstverständlich muß man die Summe der Gewichtungsfaktoren nicht = 10 nehmen; man kann auch ganz anders differenzieren, wenn das geprüfte Lebensmittel dies erfordert. Auch ist die Zahl der Merkmale, auf die geprüft wird, keinesfalls auf die immer wieder genannten 5 (Farbe, Form, Geruch, Geschmack, Konsistenz) beschränkt; man kann sozusagen eine beliebige Anzahl von Merkmalen erfassen, je nach Bedeutung mit einem Gewichtungsfaktor belegen und dann eben entsprechend rechnen.

Voraussetzung für die Anwendung der Bewertenden Prüfung mit Skale ist, wie schon der Name sagt, daß entsprechende *Prüfskalen und Bewertungsschemata* festgelegt werden. Bei der überragenden Bedeutung, welche Prüfskalen und Bewertungsschemata für das Verfahren haben, ist es nicht verwunderlich, daß auch hierfür eine Norm ausgearbeitet wurde und es erstaunt auch nicht, daß es so lange gedauert hat, bis Teil 2 von DIN 10952 inkraftgesetzt werden konnte. Die Norm legt zum Punkt „Prüfskalen" fest, daß der Aufbau entsprechend dem Prinzip der sogenannten Ordinalskale erfolgt. Dies bedeutet ein Ansteigen der Skale mit zunehmender Qualität unter Verwendung ganzer Zahlen (Punkte, Noten, Wertmale, die Ausdrükke können synonym verwendet werden). Diese Zahlen geben Bereiche der Skale wieder, also keine festen Punkte; im mathematischen Sinne sind sie „Klassenmitten". Der Umfang der Skale kann je nach Prüfzweck verschieden groß sein. Er wird bedingt durch den Grundsatz der symmetrischen

Dreiteilung der Skale, wobei die mögliche Differenzierbarkeit der einzelnen Merkmale des zu prüfenden Lebensmittels und die beabsichtigte Prüfungsaussage zu berücksichtigen sind. Praktisch bedeutet dies, daß der Skalenumfang 3 bzw. 6 bzw. 9 Noten betragen kann. Eine weitere Auffächerung, also ein noch größerer Zahlenumfang der Skale, ist sinnlos, weil die menschlichen Sinne weitergehende Unterscheidungen nicht reproduzierbar treffen können. So ist eine Skale mit 100 Punkten Umfang, wie sie schon vorgeschlagen worden ist, Unsinn, denn kein Mensch kann ein Merkmal oder eine Merkmalseigenschaft in 100 „Schritte" aufteilen. Dafür ein leicht verständliches Beispiel: Niemand kann bei der Textur oder der Festigkeit eines Lebensmittels, die zwischen sehr hart und sehr weich schwanken kann, 100 Abstufungen auseinanderhalten.

Zum Aufbau von Bewertungsschemata wird u.a. festgelegt, daß darin die Prüfskale, die für die Produktqualität maßgebenden Merkmale bzw. Merkmalseigenschaften und die Zuordnung der Merkmalsausprägungen zu den Noten der Prüfskale enthalten sein müssen. Für alle Merkmale muß dieselbe Skale mit demselben Skalenumfang gelten. Es wird ausdrücklich auf die Definitionen in DIN 10950 hingewiesen (Merkmale sind z.B. Farbe, Form, Geruch, Geschmack, Textur, Merkmalseigenschaften sind Teilkomponenten der Merkmale, z.B. Süße; Ausprägung bedeutet die Intensität von Merkmalseigenschaften wie stark süß usw.). Dies kann jeweils sowohl positiv als auch negativ in die Bewertung eines Merkmals eingehen.

Man teilt die Ausprägung der Merkmale bzw. Merkmalseigenschaften der zu prüfenden Lebensmittel in 3 Qualitätsbereiche ein (erfüllt, bedingt erfüllt, nicht erfüllt). Diesen Bereichen werden die entsprechenden Skalenbereiche zugeteilt, wie Tabelle 30 zeigt.

So entstehen Zusammenhänge zwischen Qualitätsanforderungen, Merkmalseigenschaften und Qualitätsbereichen. Auch diese sind in der Norm dargestellt (s. Abb. 51).

Dem oberen Qualitätsbereich sind selbstverständlich praktisch nur Beschreibungen überwiegend positiver, also produkt-typischer Merkmalsausprägungen zugeordnet, während im unteren Qualitätsbereich untypische, unerwünschte Merkmalsausprägungen vorliegen.

Man unterscheidet bei den Bewertungsschemata zwischen *unspezifischen und spezifischen Formen.* Was damit gemeint ist, demonstriert vielleicht am besten die Gegenüberstellung der beiden Beispiele, wie sie in DIN 10952 angegeben sind.

Das unspezifische Bewertungsschema gibt nur allgemeine Beschreibungen, die auf alle Lebensmittel anwendbar sind, die aber auch, wenn man genauer in die Qualität eines Lebensmittels „einsteigen" will, sehr „ungenau" sind. Sie stellen jedoch eine Basis für die Aufstellung spezifischer Be-

Tabelle 30. Skaleneinteilungen für die Bewertende Prüfung mit Skale

Skale				Qualitätsanforderungen
$k=3$	$k=6$		$k=9$	
3	6	5	9	erfüllt
			8	
	5	4	7	
2	4	3	6	bedingt erfüllt
			5	
	3	2	4	
1	2	1	3	nicht erfüllt
			2	
	1	0	1	
k stellt den Skalenumfang dar				

Qualitätsanforderung	Merkmalseigenschaft	Qualitätsbereich
erfüllt	erwünscht	hohe Qualität
bedingt erfüllt	tolerierbar	mittlere Qualität
nicht erfüllt	unerwünscht	unzureichende Qualität

Abb. 51. Zusammenhang zwischen Qualitätsanforderungen, Merkmalseigenschaften und Qualitätsbereichen

wertungsschemata für einzelne Lebensmittel oder Lebensmittelgruppen dar. Die Erfahrung hat gezeigt, daß mit den unspezifischen Schemata doch nur verhältnismäßig ungenaue Qualitätsbeurteilungen zustande kommen können, weswegen die Tendenz in der Weiterentwicklung der Bewertenden Prüfung mit Skale eindeutig dahin geht, für die einzelnen Lebensmittel spezifische Bewertungsschemata zu entwickeln. Nur so ist eine besser reproduzierbare Bewertung der einzelnen Merkmale möglich,

<table>
<tr><td colspan="6">Allgemeine Beschreibung der Merkmalsausprägungen
für alle zu berücksichtigenden Merkmale</td></tr>
<tr><td colspan="2">$k=9$</td><td colspan="2">$k=6$</td><td colspan="2">$k=3$</td></tr>
<tr><td>9</td><td>vollkommen, optimal ausgeprägt</td><td rowspan="2">6</td><td rowspan="2">vollkommen, volle Erfüllung der Erwartungen</td><td rowspan="3">3</td><td rowspan="3">vollkommen bis geringfügige Abweichungen</td></tr>
<tr><td>8</td><td>typisch, fehlerfrei</td></tr>
<tr><td>7</td><td>typisch mit geringfügigen Abweichungen</td><td>5</td><td>geringfügige Abweichungen</td></tr>
<tr><td>6</td><td>merkliche Abweichungen</td><td>4</td><td>merkliche Abweichungen</td><td rowspan="3">2</td><td rowspan="3">merkliche Abweichungen bis deutliche Fehler</td></tr>
<tr><td>5</td><td>merkliche Beeinträchtigungen, leichte Fehler</td><td rowspan="2">3</td><td rowspan="2">deutliche Fehler</td></tr>
<tr><td>4</td><td>deutliche Fehler</td></tr>
<tr><td>3</td><td>starke Fehler</td><td>2</td><td>starke Fehler</td><td rowspan="3">1</td><td rowspan="3">starke Fehler bis völlig verändert</td></tr>
<tr><td>2</td><td>sehr starke Fehler</td><td rowspan="2">1</td><td rowspan="2">völlig verändert, (nicht bewertbar)</td></tr>
<tr><td>1</td><td>völlig verändert</td></tr>
</table>

Abb. 52. Unspezifisches Bewertungsschema (nach DIN 10952.2)

nur so wird eine weitgehende Unabhängigkeit vom jeweiligen Ort der Prüfung und von der Zusammensetzung des Prüfpersonenteams erreicht, denn es steht ja jeweils eine entsprechende Beschreibung zur Verfügung. Die Prüfperson kann also den sensorisch erhaltenen Eindruck diesen Beschreibungen zuordnen und damit auch den jeweils dazugehörigen Noten. Man hat übrigens ebenfalls aus der langjährigen Erfahrung heraus bewußt davon abgesehen, wie früher den Noten noch Bezeichnungen wie vorzüglich, sehr gut, gut usw. zuzuordnen, da sich herausgestellt hat, daß die Reproduzierbarkeit besser ist, wenn man von diesen doch mit gewissen Vorstellungen „beladenen" Ausdrücken absieht.

Es konnten hier natürlich nur kleine Auszüge aus den erwähnten Normen wiedergegeben werden, die die Grundsätze aufzeigen sollten; bzgl. der Einzelheiten muß das Studium der ganzen Normen empfohlen werden.

Abb. 53. Spezifisches Bewertungsschema für grüne Bohnen (nach DIN 10952.2) ▷

[1] Für das Merkmal „Geruch" gelten die gleichen Beschreibungen

Punkte	Merkmal			
	Farbe	Form	Geschmack[1]	Textur
9	kräftig grün gleichmäßig	vollkommen erhalten prall, glatte Oberfläche gleichmäßig	vollkommen arteigen rein	bißfest, sehr zart sehr saftig gleichmäßig
8	kräftig grün nahezu gleichmäßig	erhalten prall, glatte Oberfläche nahezu gleichmäßig	arteigen rein	bißfest, zart saftig nahezu gleichmäßig
7	grün noch gleichmäßig	noch erhalten, noch prall noch glatte Oberfläche noch nahezu gleichmäßig	noch arteigen rein	bißfest, noch zart noch saftig noch gleichmäßig
6	leicht zu hell oder zu dunkel grün etwas ungleichmäßig	teilweise zerfallen leicht geschrumpft leicht schuppige Oberfläche	leicht flach leicht streng/herb	etwas weich, fest leicht trocken, mehlig, wäßrig etwas ungleichmäßig
5	merklich verfärbt (oliv, gelblich, bräunlich, fleckig) merklich ungleichmäßig	merklich zerfallen merklich geschrumpft merklich schuppige Oberfläche	flach merklich streng/herb leicht grasig/heuig leicht dumpf	merklich weich, fest merklich trokken, mehlig etwas faserig merklich ungleichmäßig
4	deutlich verfärbt (oliv, gelb, braun, fleckig)	deutlich zerfallen deutlich geschrumpft deutlich schuppige Oberfläche	deutlich streng/herb merklich grasig/heuig merklich dumpf	deutlich weich, fest deutlich trokken, mehlig deutlich faserig etwas strohig
3	stark verfärbt stark fleckig	stark verformt, zerfallen, geschrumpft	stark heuig, stark dumpf	stark musig, faserig strohig-trocken zäh
2	sehr stark verfärbt	sehr stark verformt, zerfallen, geschrumpft	sehr stark heuig	breiig, faserig sehr strohig sehr zäh
1	völlig verfärbt	völlig verformt	völlig verändert	völlig verändert

4.3.5 Schwellenprüfungen

4.3.5.1 Grundsätzliches

Nach DIN 10950 dienen Schwellenprüfungen „zur Bestimmung von Schwellenwerten einer spezifischen Merkmalseigenschaft einer Probe". Mit ihnen kann also die Empfindlichkeit einer Prüfperson im Hinblick auf die Erfassung bestimmter sensorischer Eindrücke getestet werden. Der Begriff der Merkmalseigenschaft – erläutert auf Seite 124 – kann dabei durchaus sehr weit gefaßt werden: Es können darunter Texturwerte, Farbunterschiede und ähnliches subsumiert werden; meist geht es aber um die Ermittlung von Merkmalseigenschaften aus dem Bereich Geruch und Geschmack.

Bei den Schwellenwerten muß man zwischen verschiedenen Arten von Schwellen unterscheiden:

1. Reizschwelle
   Man versteht darunter die niedrigste Konzentration bzw. Intensität, bei der eine Veränderung gegenüber einer neutralen Probe wahrgenommen wird. Die Art dieser Veränderung wird aber noch nicht erkannt. Es wird nur festgestellt, „es ist irgend etwas anders in dieser Probe", mit anderen Worten, es wird ein Reiz mit einem Sinnesorgan wahrgenommen, wobei die Art des Reizes nicht definiert werden kann.
2. Erkennungsschwelle
   Hier wird die Merkmalseigenschaft erkannt, es ist also die niedrigste Konzentration bzw. Intensität, bei der dies der Fall ist, bei der gesagt werden kann, die Probe ist z. B. süß.
3. Unterschiedsschwelle
   Dies ist der kleinste noch wahrnehmbare Unterschied in bestimmten Konzentrations- bzw. Intensitätsbereichen. Um beim vorher genannten Beispiel zu bleiben: Wenn die Konzentrationen zweier Zuckerlösungen so nahe beieinander liegen, daß sie gerade noch unterschieden werden können, dann hat man die Unterschiedsschwelle für die betreffende Prüfperson erfaßt.
4. Sättigungsschwelle
   Dies ist die Konzentration oder Intensität, oberhalb derer eine weitere Steigerung keinen stärkeren sensorischen Eindruck mehr hervorruft.

Die Schwellenwertsprüfungen unterscheiden sich also grundsätzlich von den bisher genannten sensorischen Prüfverfahren, denn bei ihnen werden nicht die Eigenschaften von Lebensmitteln, sondern die Sinnesempfindlichkeiten von Prüfpersonen getestet.

4.3.5.2 Bestimmung der Geschmacksempfindlichkeit

Bereits 1977 wurde eine Norm (DIN 10959) „Bestimmung der Geschmacksempfindlichkeit" veröffentlicht, deren Zweck und Anwendungsbereich verkürzt folgendermaßen wiedergegeben werden kann: Das Verfahren erlaubt die Ermittlung der Fähigkeit von Prüfpersonen, die Grundgeschmacksarten zu unterscheiden, deren Reizschwelle für die Grundgeschmacksarten zu erfassen, die Erkennungsschwelle zu überprüfen und auch die Unterschiedsschwelle von Prüfpersonen festzustellen. Dazu werden den Prüfpersonen wäßrige Lösungen von Bezugssubstanzen bestimmter Konzentrationen in vorher festgelegter Reihenfolge dargereicht. Die Art der Bezugssubstanzen ist in Tabelle 31 angegeben.

Mit diesen Substanzen werden nun zuerst Stammlösungen angesetzt, aus denen durch Verdünnung mit Wasser Verdünnungsreihen mit verschiedener Konzentration hergestellt werden.

Als allgemeine Prüfregeln zur Durchführung der Prüfung werden erwähnt: Man soll ohne Hast vorgehen und soll, wenn möglich, die Lösungen nicht schlucken. Nach jeder Verdünnungsreihe einer Geschmacksart muß der Mund mit Wasser gespült werden; die Temperatur der Proben soll konstant 20 °C betragen.

Zur Bestimmung der Fähigkeit, zwischen den 4 Grundgeschmacksarten zu unterscheiden („Geschmackserkennungsprüfung"), werden den Prüfpersonen insgesamt 9 Prüfgefäße vorgelegt, wobei 1 bis 3 Prüfgefäße je-

Tabelle 31. Bezugssubstanzen für die Bestimmung der Geschmacksempfindlichkeit

Art des Grundgeschmacks	Bezugssubstanzen
süß	Saccharose (Rohr-, Rübenzucker) reinst nach DAB 7[a]
sauer	L(+)-Weinsäure krist. nach DAB 7 oder Citronensäure-1-hydrat nach DAB 6[b]
salzig	Natriumchlorid (Kochsalz) reinst nach DAB 7
bitter	Chininhydrochlorid-2-hydrat nach DAB 7 oder Coffein rein nach DAB 7

[a] DAB 7 = Deutsches Arzneibuch 7. Ausgabe 1968
[b] DAB 6 = Deutsches Arzneibuch 6. Ausgabe 1926

weils eine Grundgeschmacksart in einer Konzentration, die aus in der Norm aufgeführten Verdünnungsreihen entnommen werden, enthalten. Diese Gefäße müssen verschlüsselt sein; ein Prüfgefäß wird daneben bereitgestellt, das nur Wasser enthält. Die 9 Prüfgefäße werden in zufälliger Anordnung aufgestellt; das mit Wasser gefüllte Gefäß ist gekennzeichnet. Die Prüfperson muß dann ihr Urteil – also die Angabe, welche Grundgeschmacksart in dem betreffenden Prüfgefäß vorliegt – in ein vorgegebenes Formular eintragen. Wenn die Grundgeschmacksart nicht erkannt wird, so ist dies extra zu vermerken.

Zur Bestimmung der Schwellenwerte werden den Prüfpersonen die in der Norm angegebenen Verdünnungen (bei geometrischer Verdünnungsreihe 6 Stück, bei arithmetischer Verdünnungsreihe 9 Stück) vorgegeben, die nach einem nur dem Prüfungsleiter bekannten Code verschlüsselt sind. Es wird jeweils nur *eine* Geschmacksart geprüft; begonnen wird mit einer Wasserprobe. Die Verdünnungen werden in der Reihenfolge zunehmender Konzentration gekostet, wobei aber durchaus zur Erschwerung einige Proben gleicher Konzentration eingefügt werden können. Vor dem Wechsel zur nächsten Geschmacksart ist eine Pause einzulegen. Dies ist insbesondere wichtig bei der Grundgeschmacksrichtung bitter, weil der durch Coffein bzw. Chinin bewirkte Geschmacksreiz erfahrungsgemäß relativ lange bestehen bleibt.

Die statistische Auswertung ist in DIN 10959 noch nicht geregelt; im allgemeinen wird eine Sequenzanalyse empfohlen.

4.3.6 Prüferschulung

Das Ergebnis jeden Analysenverfahrens kann nur so gut sein, wie das Meßinstrument, mit dem es gewonnen wird, arbeitet. Diese Binsenweisheit gilt auch, wie in der Einleitung erwähnt, für die Sensorik, die ja ein in sehr vielfältigen Formen auftretendes Meßinstrument verwenden muß, nämlich den Menschen. Die Probleme, die in dieser Vielfalt liegen, lassen sich aber sehr stark verkleinern, wenn das „Meßinstrument" soweit wie möglich vereinheitlicht wird, mit anderen Worten, wenn eine sorgfältige Schulung der Prüfpersonen für die sensorische Analyse erfolgt. „Ziel der Schulung ist das Erlernen der erforderlichen Fertigkeiten sowie die Vermittlung von Kenntnissen in Warenkunde und Technologie der Prüfobjekte. Speziell zur Schulung der 5 Sinne sind als Prüfverfahren vor allem Erkennungsprüfungen, Unterschiedsprüfungen, Rangordnungsprüfungen und Bewertende Prüfungen mit Modellsubstanzen oder standardisierten Prüfproben zu empfehlen." Dieses Zitat aus einer Zusammenfassung von

R. Zacharias zeigt ganz kurz gefaßt die Wege zum Erreichen des Zieles auf. Ausdrücklich muß darauf hingewiesen werden, daß in gewissen zeitlichen Abständen die geschulten Prüfpersonen immer wieder selbst zu überprüfen sind.

Die Aufzählung zeigt aber auch, daß die Prüferschulung nicht – wie früher oft geglaubt – nur auf der Basis der Schwellenprüfungen erfolgen kann, so wichtig diese Verfahren hierfür auch sind. Für die Eignung einer Prüfperson, zuverlässig bei sensorischen Prüfungen mitzuarbeiten, ist die Empfindlichkeit ihrer Sinne nur eines von vielen Kriterien!

Die entscheidende Bedeutung gut geschulter Prüfpersonen für Genauigkeit, Reproduzierbarkeit usw. sensorischer Ergebnisse war der Grund dafür, daß sowohl der Normenausschuß als auch die ISO schon sehr früh Überlegungen angestellt hatten, wie man hierfür geeignete Regeln, geeignete Normen aufstellen könnte. Die außerordentlich großen Schwierigkeiten, die solchen Regelungen entgegenstehen, haben aber auch dazu geführt, daß bis jetzt noch keine Norm existiert, daß aber in beiden Organisationen im Jahre 1983 Normvorschläge unterbreitet worden sind. Die ISO überschreibt ihren Vorschlag mit „Choosing and training of selected assessors", also Auswahl und Übung ausgewählter Prüfpersonen, während der DIN-Vorschlag den Titel hat „Prüfpersonen: Auswahl, Schulung, Auslese, Überprüfung". Es werden wohl relativ lange Normen entstehen müssen (was nicht verwunderlich ist, wenn man berücksichtigt, daß von den 535 Seiten des Buches von G. Jellinek grob geschätzt mehr als die Hälfte sich mit Prüferschulung befassen). Es ist hier nicht der Ort, sehr ausführlich auf das Thema einzugehen, jedoch sollen aus dem Normvorschlag DIN 10961 doch einige wichtige Punkte erwähnt werden. Zum Beispiel sollen bei der Auswahl physiologische und psychologische neben allgemeinen Kriterien berücksichtigt werden. Unter *allgemeinen Kriterien* versteht man die Verfügbarkeit (die Prüfpersonen müssen jeweils zum Prüftermin von ihrer eigentlichen Tätigkeit freigestellt werden können), das Fehlen ausgesprochener Abneigungen gegen die zu prüfenden Produkte etc. Die Prüfpersonen sollen in der Lage sein, ihre sensorischen Wahrnehmungen zu beschreiben. Gerade Letzteres ist ein ganz wichtiges Kriterium, denn es ist oft außerordentlich schwierig, die richtigen, treffenden Ausdrücke für die jeweiligen sensorischen Wahrnehmungen zu finden. Dagegen sind Alter und Geschlecht bei sensorisch-analytischen Prüfungen weitgehend ohne Bedeutung. Die im Alter nachlassende Empfindlichkeit der Sinne wird meist durch Erfahrung ausgeglichen. Auch hat sich gezeigt, daß die (üble?) Gewohnheit des Rauchens keinen wesentlichen Einfluß auf die Eignung von Prüfpersonen hat, wenn die entsprechenden Sperrfristen vor den Prüfungen eingehalten werden. Was die physiologischen Kriterien anbetrifft, so wird ausdrücklich vorgeschlagen, nur zu verlangen, daß die Sinnesorgane der Prüfpersonen *durchschnittlich* empfindlich sind. Farbenschwache oder gar Farbenblinde müssen jedoch dann ausgeschaltet werden, wenn die Farbe von Bedeutung für das betreffende Produkt ist. Zu den physiologischen Kriterien gehört auch das Verlangen, daß die Prüfpersonen in einem guten Gesundheitszustand sein und insbesondere keine chronischen Erkältungen haben sollen.

Bei den *psychologischen Kriterien* ist Verantwortungsbewußtsein an erster Stelle zu nennen: Man darf sensorische Prüfungen nicht „mit dem kleinen Finger" abtun wollen, da doch häufig schwerwiegende Entscheidungen an solchen Prüfungen hängen. Auch ist unbedingt eine klare Urteilsfähigkeit zu fordern. Die Prüfpersonen müssen zu ihren Entscheidungen stehen, müssen selbstkritisch sein, ihre eigenen Grenzen kennen und persönliche Vorlieben ausschalten können. Weitere wichtige Eigenschaften sind Konzentrationsfähigkeit, sensorisches Gedächtnis (also die Fähigkeit, früher sensorisch erfahrene Eindrücke zu speichern), Ausdauer während der Prüfung und insbesondere bei langdauernden Versuchsreihen – gerade hierbei „stinkts" einem manchmal – und Bereitschaft zur Zusammenarbeit. Mit anderen Worten, eine Prüfperson sollte nicht versuchen, den anderen aus der Gruppe ihre Meinung aufzudrängen.

Zum *Schulen der Sinne* gehören z. B. das Erkennen und das Unterscheiden von Farben, Textureigenschaften, Geruchs- und Geschmackseigenschaften, aber auch ggf. von Klängen und Geräuschen; dies muß geübt werden. Hierzu eignen sich insbesondere die Schwellenprüfungen, welche ja die Quantifizierung der Empfindlichkeit der Sinnesorgane zum Ziel haben (s. 4.3.5). Man sollte aber nicht immer nur an die Grundgeschmacksarten denken. Vielmehr kann auch die Empfindlichkeit der anderen Sinnesorgane von Bedeutung sein und ermittelt werden. Beispiele sind Prüfprobenreihen von Farbmustern, von Riechstoffen und auch von Proben unterschiedlicher Festigkeit. Für Letzteres gibt es einen von Tilgner vorgeschlagenen und von G. Jellinek ausführlich beschriebenen Test mit verschieden harten Kunststoffkegeln.

Das Unterscheidungsvermögen läßt sich natürlich mit den verschiedenen Unterschiedsprüfungen und entsprechenden Testproben feststellen, mit der einfach beschreibenden Prüfung kann man das Beschreiben von Wahrnehmungen beim Sehen, Tasten, Riechen, Schmecken üben. Die Profilprüfung und die Verdünnungsprofilprüfung sind geeignet zum Erlernen des schwierigen Problems, nacheinander wahrnehmbare Komponenten gedanklich zu trennen, in eine Reihenfolge zu bringen sowie gleichzeitig die jeweils wahrgenommene Intensität anzugeben. Mit anderen Worten, die Prüfpersonen erlernen das Erfassen von Produkteigenschaften bezüglich ihrer Ausprägung auch im zeitlichen Ablauf. Rangordnungsprüfungen dienen dem Feststellen, ob Prüfpersonen Intensitäten in richtigen Reihenfolgen einordnen können (s. DIN 10963). Auch das Erstellen und die Anwendung von Bewertungsschemata zur Charakterisierung der Produktqualität muß an Produkten mit bekannten Eigenschaften geübt werden. Verfahren hierzu ist selbstverständlich die Bewertende Prüfung mit Skale (DIN 10952). Nicht vergessen werden darf auch bei der Erörterung der Prüferschulung, daß gute Kenntnisse über das zu prüfende Produkt eine wichtige Voraussetzung für die Prüfung darstellen.

Einige Beispiele aus der Fülle der möglichen Prüfaufgaben mögen die gemachten Angaben verdeutlichen:

1. Zur Testung der Farbempfindlichkeit bzw. des Unterscheidungsvermögens können Verdünnungsreihen verschiedener Farbstoffe vorgelegt werden, die in die richtige Reihenfolge nach der Intensität gebracht werden müssen. Man kann dabei die Farbunterschiede immer kleiner machen, man kann gleiche Proben einschleusen, um die Aufgabe schwieriger zu gestalten, und man kann Mindestanforderungen stellen, daß z. B. in einer Reihe von 10 Proben nur eine Verwechslung zulässig ist.
2. Bei der Textur muß man zwischen dem Erkennen von Textureigenschaften und dem Erkennen von Intensitätsunterschieden differenzieren; für letzteres eignet sich der erwähnte Tilgner-Test.
3. Auch beim Geruch ist zwischen Erkennen von Stoffen als solchen und von Intensitätsunterschieden zu trennen. Für das Erkennen gibt es eine ganze Anzahl von bewährten Prüfsubstanzen; Tabelle 32 gibt ein Beispiel hierfür wieder.

Dies ist nur eine Auswahl aus den vielen möglichen Substanzen (s. auch Abschnitt 2.2.3). Es ist selbstverständlich, daß die sehr verschiedene Geruchsaktivität dieser Stoffe bei der Verdünnung berücksichtigt werden muß. Zur Erkennung von Intensitätsunterschieden werden nahe beieinander liegende Konzentrationen einzelner Riechstoffe in Wasser vorgelegt; als Prüfverfahren dient die Rangordnungsprüfung DIN 10963.

Analog geht man bei der *Übung des Geschmackssinnes* (z. B. DIN 10959) vor. Die Erfassung von Intensitätsunterschieden im Geschmack (man verwendet meist wiederum die Grundgeschmacksarten) wird nach DIN 10954 (Paarweise Unterschiedsprüfung) geübt. Bei 2 × 5 Probenpaaren (süß, salzig, sauer) ist für einen guten Prüfer nur ein Fehler zulässig; für bitter werden nur zwei Probenpaare geprüft (wegen des erwähnten langanhaltenden Nachgeschmacks). Auch die Dreiecksprüfung kann hier eingesetzt werden.

Vielfältige „Kleinigkeiten“ sind bei der Prüfung über die Eignung zur Prüfperson zu beachten. Dafür einige Beispiele:

Tabelle 32. Standard- Geruchssubstanzen und dazugehörende Beschreibungen des Geruchseindrucks

Riechstoff	Beschreibung des Geruchseindrucks
Essigsäure-ethylester	lösungsmittelartig, „Nagellackentferner“
Essigsäure-isoamylester	fruchtig, „Eisbonbon“
Benzaldehyd	Bittermandel, „Marzipan“
3-cis-Hexenol	frisches Gras, „grün“
2-Phenylethanol	blumig
Linalool	lavendelartig
Vanillin	Vanille
Carvon	Kümmel
Anethol	Anis
Menthol	Pfefferminz
3-Methoxy-3-ethylpyrazin	„rohe Kartoffeln“
β-Ionon	Veilchen
Zimtaldehyd	Zimt
Eugenol	Gewürznelke, „Zahnarzt“
Octen-1-ol-3	pilzartig, „Waldboden“
2,3,4-Trichloranisol	muffig, feuchtes Holz, „Korkgeschmack“
Diacetyl	Sauerrahmbutter
Phenol	Desinfektionsmittel, „Krankenhaus“
Ethanolthiol	faulig, fäkalartig
Buttersäure	schweißig, käsig
Naphthalin	Mottenkugeln

Hat jemand freiliegende Zahnhälse, so hat er häufig bei schwach sauren Produkten zusätzlich ein adstringierendes Gefühl – empfindet er daneben noch den Eindruck „metallisch“, so kann dies durchaus auch daran liegen, daß er *Zahnfüllungen* mit verschiedenen Metallen im Mund hat. So können bei Fruchtsäften fehlerhafte Ergebnisse herauskommen, d.h. daß solche Prüfpersonen einem Fruchtsaft den (allerdings relativ seltenen) Fehler „metallisch“ zuordnen, der gar nicht vorliegt. Auch das Tragen von Zahnprothesen verringert die Reiz- bzw. Erkennungsschwelle, denn dabei ist durch die Gaumenplatte der Gaumen abgedeckt, der ja Geschmackszellen aufweist (s. Seite 21). Untersuchungen haben gezeigt, daß Personen mit *Bluthochdruck* eine Minderung der Empfindlichkeit für „salzig“ aufweisen können. *Raucher* sollen bitter schlechter erfassen, zumindest im fortgeschrittenen Alter.

Ein Beitrag zum Erlernen der Fähigkeit, bei sensorischen Prüfungen von manchen Dingen zu abstrahieren, ist es auch, wenn man die *Lichtfarbe* im Prüfraum total ändert und damit die äußere Erscheinung des zu prüfenden Produktes. Man wird erstaunt sein, wie eigenartig bezüglich der Farbe Lebensmittel aussehen, die in einem mit einer starken Natriumdampflampe beleuchteten Raum dargeboten werden! Auch kann man durch Rot-, Grün- und Blaufilter Farbverfälschungen erzeugen, die einerseits zu verblüffenden Auswirkungen auf die Farbe der vorgelegten Produkte führen und andererseits das Erlernen der Objektivierung von Geruchs- und Geschmacksempfindungen erleichtern.

Wichtig wäre es manchmal auch, die relativen Anteile von Geruch und Geschmack am Flavour zu erfassen. Diese sind aber so gut integriert, daß man normalerweise nicht vollständig zwischen beiden unterscheiden kann. Es gibt zwar Leute, die an sogenannter *Anosmie* leiden, die also den Geruch verloren haben; man erhält jedoch unzuverlässige Ergebnisse, wenn man solche Personen für Prüfzwecke einsetzt, da sie für Berührungsreize und andere nicht olfaktorische „Ereignisse" empfindlicher sind.

Ein anderer Weg zur Abtrennung des Geruchs vom Flavour wird häufig darin gesehen, die *Nasenlöcher zu verschließen*. Hierbei wird aber ignoriert, daß die Nasenhöhle auch auf einem anderen Weg erreicht werden kann, nämlich über die Nasopharynx, die Verbindung zwischen Mund und Nase. Zur Zeit wird als beste Möglichkeit angesehen, normale Versuchspersonen zeitweilig anosmisch zu machen, indem man einen Strom reiner Luft in die zugepfropften Nasenlöcher bläst. Diese Luft verhindert, daß Geruchssubstanzen aus dem Mund in die Nasenhöhle aufsteigen können. Versuche mit so „präparierten" Versuchspersonen führten zu interessanten, aber auch vielfach widersprüchlichen Ergebnissen.

Selbstverständlich können für die Auslese von Sachverständigen bzw. Sensorikern die jeweiligen Prüfbedingungen anders, „höher" angesetzt werden als bei Prüfern (s. DIN 10950). Sehr wichtig ist auch, daß die Prüfer und die Sachverständigen immer wieder auf ihre Fähigkeiten überprüft werden. Wird dies nicht getan, so kann durch Nachlassen der Aufmerksamkeit oder des Verantwortungsbewußtseins – man ist sich der Wichtigkeit der gemachten Aussage nicht mehr so bewußt – oder auch infolge verschlechterter aktueller Disposition (z. B. leichte Erkältung) die Prüfung weniger exakt sein. Bei vielen eingesetzten Prüfpersonen wird empfohlen, etwa 4mal je Jahr die Zuverlässigkeit im Erkennen, Unterscheiden, Beschreiben und Bewerten von Prüfproben zu überprüfen. Entsprechende genaue Prüfvorschriften mit Angaben der zu verwendenden Substanzen sollen in der Norm vorgeschlagen werden.

Die Deutsche Landwirtschaftsgesellschaft, die ja in sehr großem Umfang eine Vielfalt von Lebensmitteln auf ihre Qualität überprüft, spezielle Qualitätsfestlegungen getroffen hat usw., läßt in neuerer Zeit meistens nur noch Prüfpersonen, die aufgrund einer eigenen, speziell für das jeweilige Produkt vorgenommenen Prüferschulung mit ganz bestimmten und gar nicht leichten Anforderungen einen sogenannten *„Prüferpaß"* erhalten haben, zu ihren Prüfungen zu. Der Prüferpaß muß durch Nachprüfungen immer wieder neu bestätigt werden. Diese Maßnahmen haben einen wesentlichen Beitrag zu einer deutlichen Objektivierung der DLG-Prüfungen geleistet.

4.3.7 Intensitätsprüfungen (Magnitude Estimation)

Von den noch nicht genormten neueren Verfahren soll hier noch die „Magnitude Estimation" genannte Intensitätsprüfung kurz erwähnt werden, weil sie – in den letzten Jahren entwickelt – insbes. in den USA immer größere Bedeutung erlangt. Ihr Vorteil liegt in der Ausnutzung der Tatsache, daß das menschliche Empfinden mehr in Form von Verhältnissen als in Form von Kategorien oder Unterschieden arbeitet. Bei der „Magnitude Estimation" wird von der Prüfperson verlangt, die empfundene Intensität in *Form von Verhältnissen wiederzugeben.* Das heißt, es wird gefragt, um wieviel mal stärker (oder schwächer) die jeweilige Merkmalausprägung gegenüber einer Vergleichsprobe ist, der man die Intensität 1 zuweist. Ein einfaches Beispiel möge das Prinzip der Methode erläutern: Der Versuchsperson werden, gekennzeichnet mit den Buchstaben A, B, C, D, E und F, 6 verschieden konzentrierte Zuckerlösungen vorgelegt. Die Probe A dient als Bezugsprobe mit der Intensität 1. Der Prüfperson wird gesagt: „Wenn Sie der Meinung sind, Probe B ist 5mal süßer als A, so erhält B eine 5; ist sie ihrer Meinung nach 5mal weniger süß, so müssen sie ⅕ eintragen." Gleiches gilt für die restlichen Proben C, D, E und F.

Im ersten Moment mag es scheinen, daß durch die freie Wählbarkeit der Zahlengrößen für die einzelnen Versuchspersonen ein sehr unübersichtliches Ergebnis zu erwarten wäre, denn man könnte doch annehmen, die eine Versuchsperson würde eine Lösung als 5mal und die andere sie als 10mal oder sogar 20mal süßer empfinden. Erstaunlicherweise ist dies aber nicht der Fall. Die mit dieser Methode erzielten Ergebnisse sind unerwartet gut, weil eben der Mensch offensichtlich in Verhältnissen besser denken kann als in Absolutgrößen. Mathematisch gesehen erhält man dann Potenzfunktionen, die entsprechend ausgewertet werden können. Wichtig sind solche Prüfungen selbstverständlich bei Rezepturfragen, wenn man z. B. herausbekommen will, wie groß der Einfluß eines neuen Rezepturbestandteiles ist.

4.3.8 Anwendungsbereiche der sensorischen Prüfverfahren

Mit der Darstellung der verschiedenen sensorischen Prüfverfahren konnte aufgezeigt werden, daß dem Sensoriker doch ein umfangreiches Instrumentarium zur Verfügung steht, um die Beurteilung von Lebensmitteln auf eine solide Basis zu stellen. Für die Relevanz von sensorisch erhaltenen Ergebnissen ist es aber mitentscheidend, jeweils das für das jeweilige Problem richtige Prüfverfahren einzusetzen. Man kann mit der „Bewertenden Prüfung mit Skale“ durchaus Unterschiede zwischen zwei Lebensmittelproben herausfinden. Viel einfacher und mit viel geringerem Aufwand geht es aber mit einer paarweisen Unterschiedsprüfung oder mit einem Dreieckstest! Um nun dem Prüfungsleiter die Auswahl der jeweils richtigen Methode zu erleichtern, wurde die DIN 10953 „Anwendung sensorischer Prüfverfahren“ geschaffen, die unter der Rubrik „Zweck und Anwendungsbereich“ lapidar feststellt: „Die Entscheidung über die Anwendung eines oder mehrerer Prüfverfahren richtet sich nach den Problemstellungen, den mit der Prüfung beabsichtigten Aussagen sowie nach Art und Anzahl der vorliegenden Proben“. Die Norm definiert nun vier Problemstellungen:

A Sind Unterschiede zwischen zwei zu prüfenden Proben vorhanden?
B Lassen sich mehrere Proben in eine bestimmte Ordnung zueinander bringen?
C Lassen sich die Proben unabhängig voneinander beschreiben und/oder bewerten?
D Läßt sich die Beliebtheit der Proben feststellen?

Getrennt nach „Einzelproben-Prüfungen“ und „Mehrprobenprüfungen“ wird nun jeweils das Prüfverfahren dem entsprechenden Zweck, dem Anwendungsbereich und der Problemstellung zugeordnet. Daraus einige Beispiele für Mehrproben-Prüfungen: Die paarweise Unterschiedsprüfung hat den *Zweck*, die Unterscheidbarkeit von zwei Prüfmustern, z. B. nach Art und Intensität einzelner Merkmale zu erfassen. Als *Anwendungsbereich* werden genannt Produktvergleich, Einfluß von Rezepturänderungen, Feststellen von anderen Einflußfaktoren bei der Herstellung, Verarbeitung, Verpackung, Lagerung, Zubereitung sowie Schulung und Auslese von Prüfpersonen. Die *Problemstellung* ist A.

Oder nehmen wir die Bewertende Prüfung mit Skale als Prüfverfahren: Sie hat den *Zweck*, die Merkmale mehrerer Prüfmuster anhand einer Skale oder eines Bewertungsschemas zu bewerten; der *Anwendungsbereich* ist die Qualitätsbeurteilung von Produkten, was auch Prämierungen einschließen kann, aber auch das Feststellen von Einflußfaktoren, z. B. bei der Herstellung usw., wie vorher bei der paarweisen Unterschiedsprüfung genannt. Die *Problemstellung* ist allerdings anders, nämlich nach B und C. Es muß angemerkt werden, daß DIN 10953 als überarbeitungsbedürftig erkannt ist.

4.3.8.1 DLG-Prüfungen

Es ist mehrfach auf die Qualitätsprüfungen durch die Deutsche Landwirtschaftsgesellschaft hingewiesen worden, so daß es angebracht erscheint, diesem Bereich der Anwendung sensorischer Methoden einen eigenen Abschnitt zu widmen. Die DLG unterhält ein umfangreiches System von Qualitätsprüfungen, die dem Ziele dienen,

„das Qualitätsstreben der deutschen Land- und Ernährungswirtschaft kontinuierlich und nachhaltig zu unterstützen, den Absatz der einheimischen Erzeugnisse zu fördern und besonders gute Qualitäten durch Kennzeichnung mit DLG-Prämierungen für Handel und Verbraucher sichtbar zu machen“.

Solche Prüfungen erfolgen bei Bier, Brot und Feinen Backwaren, Fertiggerichten und Feinkost, Fleischererzeugnissen, Fruchtsäften und Fruchtgetränken, Honig, Milch und Milchprodukten, Sekt, Spirituosen und Wein. Um ein Bild von dem Umfang dieser Prüfungen zu geben, sei nur eine Zahl genannt:

Im Jahre 1983 wurden insgesamt 2564 Proben von *Brot und Feinen Backwaren* untersucht. Untersuchungsmethode ist jeweils eine Bewertende Prüfung mit Skale, wobei eine Sechserskale mit 5 bis 0 Noten angewendet wird und die auch in DIN 10952 Teil 2 aufgeführt ist. Die speziellen Bewertungsschemata sind sehr ausführlich und jeweils genau an das jeweilige Produkt (z. B. Tilsiter, DIN 10952, Teil 2) angepaßt.

Allein die Prüfungsbestimmungen für *Milch und Milchprodukte* in ihrer 28. Auflage 1983 umfassen 157 Seiten! Darin wird dem Prüfer jeweils genau vorgeschrieben, wie viele Wertmale er bei ganz bestimmten Eigenschaften noch geben darf. Hierfür einige charakteristische Beispiele: Wenn ein *Romadur-Käse* an seinem Äußeren den Fehler „Fremdschimmelstellen“ aufweist, so darf er für das Merkmal „Äußeres“ eben nur noch drei anstelle der an sich möglichen fünf Punkte erhalten. Hat der Käse nicht eine rötliche, sondern eine gelbe Haut, so dürfen ihm noch vier Punkte zugeteilt werden. Ist das Innere des Käses „nisslig“ (darunter versteht man einen typischen Käsefehler, der dadurch charakterisiert ist, daß sehr viele ganz feine punktförmige Löcher vorhanden sind), so erhält er für „Inneres“ höchstens vier Punkte; ist der Fehler stärker, so muß der Prüfer noch weiter „heruntergehen“. In gleicher Weise sind für den Geruch die häufigsten Fehler angegeben, wie ammoniakalisch, gärig, hefig, muffig, ranzelnd (ein schwerer Fehler, bei dessen Vorkommen nur noch höchstens zwei Punkte gegeben werden dürfen), seifig usw.

Ähnliche Fehlerbeschreibungen findet man auch bei Geschmack und ebenso ist hier für jeden Fehler angegeben, was beim Auftreten dessen noch als Höchstpunktzahl vergeben werden darf. Prinzipiell ähnlich wird die Prüfung der anderen erwähnten Lebensmittelgruppen vorgenommen.

Es muß betont werden, daß es sich hierbei um ein freiwilliges Gemeinschaftswerk der deutschen Land- und Ernährungswirtschaft handelt, die sich ohne Zwang diesen Prüfungen unterwirft, aber auch, wenn sie bei den Prüfungen gut abschneidet, mit den erhaltenen Prämierungen werben darf. Die in den letzten 10 Jahren kontinuierlich erfolgte Einführung der Bewertenden Prüfung mit Skale für diese Qualitätsprüfungen wird allseits als ein wesentlicher Beitrag zur Objektivierung der erhaltenen Ergebnisse betrachtet.

5 Schlußbemerkung

Der Kreis ist geschlossen: Am Anfang stand die Definition des Begriffes Sensorik, die Diskussion über ihren Sinn. Dann kam die Sinnesphysiologie, d.h. die Erläuterung des „Geräteparks", der für die Aufnahme von Sinneseindrücken zur Verfügung steht und anschließend wurden die chemischen Grundlagen dieser Sinneseindrücke, also die Stoffe in den Lebensmitteln, welche den „Reiz" auf die jeweiligen Sinneszellen ausüben (und auch die Art, wie sie dieses tun), besprochen. Wie diese Kriterien zur Erarbeitung eines sensorischen „Urteils" methodisch erfaßt und ausgewertet werden, geht aus der Beschreibung und Diskussion der sensorischen Prüfverfahren hervor. Sensorik ist immer ein Zusammenwirken

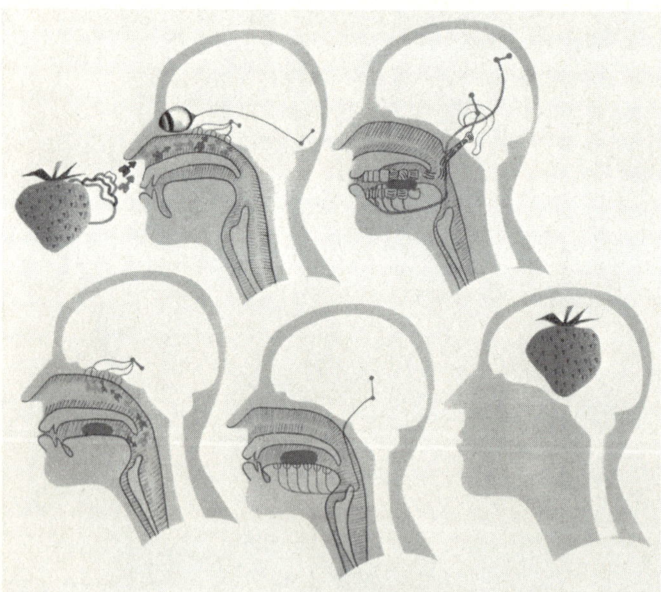

Abb. 54. Schema der Entstehung eines sensorischen Gesamteindrucks im Gehirn (nach W. Bruhn, Dragow Report 9/1979, mit Erlaubnis des Verf.)

zahlreicher Kriterien, wie es vielleicht mit dem letzten Bild (Abb. 54) symbolisiert werden kann.

Der Prüfperson wird eine Erdbeere vorgelegt. Sie sieht, wie diese Frucht aussieht, sie schnüffelt die von ihr abgegebenen flüchtigen Stoffe in die Nase, sie riecht also. Die dabei entstehenden Reize werden vom Auge und von der Riechschleimhaut in ein bestimmtes Gehirnareal weitergeleitet. Dann wird die Erdbeere in den Mund aufgenommen, gekaut und die Sinneszellen in der Zunge leiten die entsprechenden Reize in wiederum ein anderes Gehirnareal. Auch dabei entstehende Geräusche haben ihren Zielbereich im Gehirn. Gleichzeitig mit dem Kauen werden nun wieder andere flüchtige Stoffe freigesetzt, die sozusagen von rückwärts zur Riechschleimhaut gelangen und von dort wieder an die entsprechende Stelle geleitet werden. Auch die kinetischen Eindrücke, also das, was mit Textur zusammenhängt, werden beim Kauen festgestellt und landen im Gehirn. Alle diese zu verschiedenen Gehirnarealen gekommenen Reize faßt der Computer „menschliches Gehirn" nun zu einem Gesamteindruck „Erdbeere mit ganz bestimmten Eigenschaften" zusammen. So versucht auch dieses Buch die zur Sensorik gehörenden Dinge zuerst logisch aufzuteilen und dann wieder zusammenzufassen.

6 Literatur (Bücher)

Academy Forum: 4. of a Series (1975) „Sweeteners: Issues and Uncertainties". Nat Acad Sci, Washington DC

Belitz H-D, Grosch W (1982) Lehrbuch der Lebensmittelchemie. Springer, Berlin Heidelberg New York

Deutsches Lebensmittelbuch (1982) Leitsätze. Bundesministerium für Jugend, Familie und Gesundheit (Hrsg), 5300 Bonn 2

Handbuch der Lebensmittelchemie Band III/1, III/2, V/1, V/2 (1968) Springer, Berlin Heidelberg New York

Heimann W (1976) Grundzüge der Lebensmittelchemie, 3. Aufl. Steinkopff, Darmstadt

Hensel H (1966) Allgemeine Sinnesphysiologie: Hautsinne, Geschmack, Geruch. Springer, Berlin Heidelberg New York

Herrmann K (1983) Exotische Lebensmittel – Inhaltsstoffe und Verwendung. Springer, Berlin Heidelberg New York

Jellinek G (1981) Sensorische Lebensmittelprüfung – Lehrbuch für die Praxis. Siegfried, Pattensen

Kiermeier F, Haevecker U (1972) Sensorische Beurteilung von Lebensmitteln. Bergmann, München

Kubeczka K-H (Hrsg) (1982) Ätherische Öle – Analytik, Physiologie, Zusammensetzung. Thieme, Stuttgart New York

Linder H (1982) Biologie, 18. Aufl. Metzler, Stuttgart

Lang K (1979) Biochemie der Ernährung, 4. Aufl. Steinkopff, Darmstadt

Maier HG (1981) Kaffee. Parey, Berlin Hamburg

Morton ID, MacLeod AJ (1982) Food Flavours, Part A. Introduction. Elsevier, Amsterdam Oxford New York

Scanlan RA (ed) (1977) Flavor Quality: Objective Measurement. ACS Symposium Series 51. Amer Chem Soc, Washington DC

Schlierf G, Brubacher G (Hrsg) (1979) Lebensmittelfärbung – wozu? Thieme, Stuttgart

Schreier P (ed) (1981) Flavour '81. 3rd Weurman Symposium, Proc Internat Conf, Munich, April 28–30

Schulz ME (1969) Fragen und Antworten zur milchwirtschaftlichen Chemie. Volkswirtschaft, München und Mann, Gelsenkirchen

Solms J, Neukom H (1967) Aroma- und Geschmacksstoffe in Lebensmitteln. Forster Zürich

Solms J, Hall RL (ed) (1981) Criteria of Food Acceptance. How man chooses what he eats. Forster, Zürich

Souci SW, Bosch H (1978) Lebensmittel-Tabellen für die Nährwertberechnung, 2. Aufl. Wiss Verlagsgesellschaft, Stuttgart

Sulser H (1978) Die Extraktstoffe des Fleisches. Wiss Verlagsgesellschaft, Stuttgart

Töpel A (1976) Chemie und Physik der Milch. VEB Fachbuchverlag, Leipzig

Völksen W (1964) Auf den Spuren der Kartoffel. Mann, Hildesheim

Ziegler E (1982) Die natürlichen und künstlichen Aromen. Hüthig, Heidelberg

Sonstige Literatur

Arbeiten der DLG (1977) Band 152, DLG-Verlag Frankfurt/Main
Balogh K (1960) Österr Z Stomatologie 57: 71–76
Bassette R, Fung DYC, Roberts H, Ward G (1982) J Food Protection 45: 135–138
Becker H (1981) Pharmazie in unserer Zeit 10: 75–80
Blanck H (1982) Antike Welt 11: 19–23
Boudreau JC, Oravec J, Hoang NK. White TD (1979) ACS Symp Series 115: 1–22
Breustedt A, Felgentreff C, Paulisch E (1981) Zahn-, Mund- u Kieferheilk 69: 85–91
Bruhn W (1979) Dragoco Report 26: 207–218
Buri R, Signer V, Solms J (1970) Lebens Wiss Technol 3: 63–66
Collings VB (1974) Perception and Psychophysics 16: 164–174
Crosby GA (1976) Critical Reviews in Food Science and Nutrition 7: 297–323
Czygan F-C (1981) Pharmazie in unserer Zeit 10: 109–121
Daniels EW (1982) Nutrition Today: 18–22
DIN-Deutsche Normen 10950, 10951, 10952/1/2, 10953, 10954, 10959, 10962, 10963. Beuth, Berlin
DIN-Deutsche Normen, Entwürfe für 10961, 10964
DLG-Prüfbestimmungen für „Milch- und Milchprodukte", „Wein", „Fleischerzeugnisse, Fertiggerichte und Feinkost", „Bier", „Fruchtsäfte", „Spirituosen", „Brot und Feine Backwaren", jeweils Ausgabe 1983
Drawert F, Heimann W, Emberger R, Tressl R (1969) Z Lebensm Unters-Forsch 140: 65–88
Fricker A, Prochazka E, Gutschmidt J (1973) Lebens-Wiss Technol 6: 63–65
Gottauf M, Duden R (1965) Z Lebensm Unters-Forsch 128: 257–261
Gross J (1983) Mitt DFG: 6–8
Guadagni DG, Buttery RG, Seifert RM, Venstrom DW (1971) J Food Sci 36: 363–366
Hamatschek J (1982) Dragoco Report 27: 59–71
Hamatschek J (1982) Umschau 82: 14
Harder U (1983) H u R-Contact 32: 15–22
Heckmann H (1982) Nestlé-Kaffee-Forum 55–64
Heimann W, Rapp A, Völter I, Knipser W (1983) Dt Lebensm Rdsch 79: 103–107
Hermann K (1972) Z Lebensm Unters u Forsch 148: 290–302
Hirvi T (1983) Lebensm Wiss Technol 16: 157–161
Hofmann HH (1969) Naturwiss Rdsch 22: 53–62
Hofmann K (1972) Fleischwirtschaft 52: 1403–1415
Hofmann K (1973) Fleischwirtschaft 53: 485
Hofmann K (1976) Kraftfutter 59: 42–44
Hofmann K, Hamm R (1978) Adv Food Res 24: 1–111
H u R (1983) Contact 31 4–6
ISO-International Standards „Sensory analysis"
Iwanzik W, Tevini M, Stute R, Hilbert R (1983) Potato Res 26: 149–162
Youngentob SL, Kurtz DB, Leopold DA, Mozell MM, Hornung DE (1982) Chem Senses 7: 11–21
Kamath SK (1982) Amer J Clin Nutr 36: 766–775
Konosu S (1979) Food Taste Chemistry 165–203
Kurihara K, Beidler LM (1968) Science 161: 1241–1243
Lawless HT (1979) J comp physiol phychol 93: 538–547
Lumen BO de, Stone EJ, Kazeniac SJ, Forsythe RH (1978) Food Sci 43: 698–708
Mabrouk AF (1979) ACS-Symp Series 115: 205–245
Marktl W (1980) Ernährung 4: 444–448

McBurney DH, Gent JF (1979) Psychological Bulletin 86: 151–167
Mecredy JM, Sonnemann JC, Lehmann SJ (1974) Food Technol 11: 36–41
Mick S, Mick W, Schreier P (1982) Milchwiss 37: 661–665
Mottram DG, Edwards RA, MacFie HJH (1982) J Sci Food Agric 33: 934–944
Mottram DS, Edwards RA (1983) J Sci Food Agric 34: 517–522
Mozell MM, Jagodowicz M (1973) M Science 181: 1247
Mulders ET, Mulders M (1972/1973) Z Lebensm Unters-Forsch 150: 62–72, 150: 306–310, 150: 228–232, 151: 310–317
NN (1983) Chemie für Labor u Betrieb 34: 301
NN (1981) Dragoco Report 26: 99
NN (1983) Gordian 83: 70
NN (1978) Naturw 65: 386
NN Zucker-Report 5/83
Oberdieck R (1981) Fleischwirtschaft 61: 216–223
Parliment TW, Scarpellino R (1977) J Agric Food Chem 25: 97–99
Paulus K, Gutschmidt J, Fricker A (1969) Lebensm Wiss Technol 2: 132–139
Paulus K (1976) Ernährungswirtschaft/Lebensmitteltechnik 10: 558–580
Paulus K, Zacharias R, Robinson L, Geidel H (1979) Lebensm Wiss Technol 12: 52–61
Pfaffmann C (1978) Amer J Clin Nutr 31: 1058–1067
Plattig KH, Kobal G, Thumfart W (1980) Z Gerontol 13: 149–157
Rapp A, Hastrich H (1978) Vitis 17: 288–298
Rapp A, Knipser W, Hastrich H, Engel L (1982) Symp Proc, Univ Calif (Davis) 304–316
Regan D (1980) Spektrum d Wiss 95–101
Reineccius GA (1979) J Food Sci 44: 12–19
Rödel W, Kruse H-P (1980) Nahrung 24: 129–139
Schiffmann SS, Leffingwell JC (1981) Pharmacol Biochem Behaviour 14: 787–798
Seidemann J (1976) Lebensm-Industrie 23: 553–557
Skramlik E von (1963) Z Biol 113: 329
Solms J, Wyler R (1979) ACS-Symp Series 115: 175–184
Stevens MA (1970) Hort Sci 5: 95–98
Thumfart W, Plattig KH, Schlicht N (1980) Z Gerontol 13: 158–188
Wasserman AE (1979) J Food Sci 44: 6–10
Wyler R, Solms J (1982) Lebensm-Wiss Technol 15: 42–48, 93–96

Sachverzeichnis